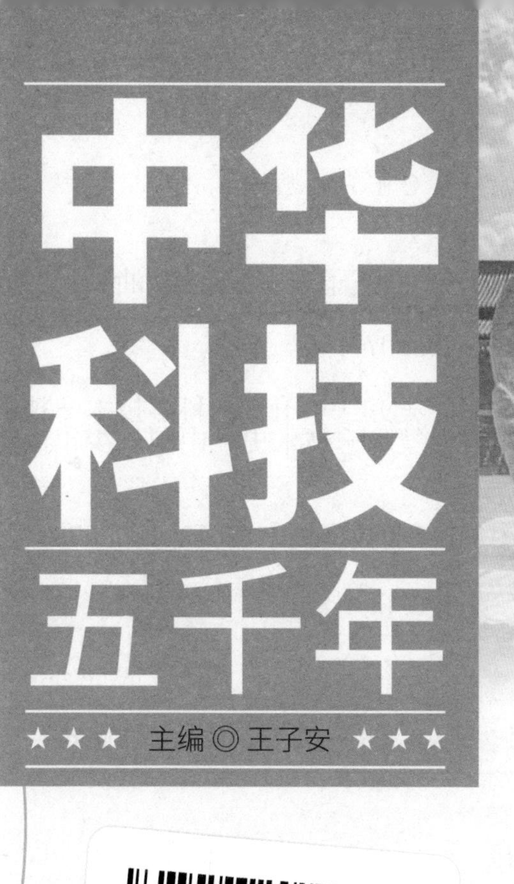

中华科技五千年

★★★ 主编◎王子安 ★★★

汕頭大學出版社

图书在版编目（CIP）数据

中华科技五千年 / 王子安主编. -- 汕头 : 汕头大学出版社, 2012.5（2024.1重印）
ISBN 978-7-5658-0777-0

Ⅰ. ①中… Ⅱ. ①王… Ⅲ. ①科学技术－技术史－中国－青年读物②科学技术－技术史－中国－少年读物
Ⅳ. ①N092-49

中国版本图书馆CIP数据核字(2012)第096733号

中华科技五千年　　ZHONGHUA KEJI WUQIANNIAN

主　　编：王子安
责任编辑：胡开祥
责任技编：黄东生
封面设计：君阅书装
出版发行：汕头大学出版社
　　　　　广东省汕头市汕头大学内　邮编：515063
电　　话：0754-82904613
印　　刷：三河市嵩川印刷有限公司
开　　本：710 mm×1000 mm　1/16
印　　张：16
字　　数：90千字
版　　次：2012年5月第1版
印　　次：2024年1月第2次印刷
定　　价：69.00元
ISBN 978-7-5658-0777-0

前言

浩瀚的宇宙,神秘的地球,以及那些目前为止人类尚不足以弄明白的事物总是像磁铁般地吸引着有着强烈好奇心的人们。无论是年少的还是年长的,人们总是去不断的学习,为的是能更好地了解与我们生活息息相关的各种事物。身为二十一世纪新一代的青年,我们有责任也更有义务去学习、了解、研究我们所处的环境,这对青少年读者的学习和生活都有着很大的益处。这不仅可以丰富青少年读者的知识结构,而且还可以拓宽青少年读者的眼界。

技术是人类能力的体现,是人类双手的延伸。技术的改变,影响着人类社会的生产与生活方式。发明是人类智慧的灵感爆发,有时一瞬间的思维火花,甚至会影响整整一个时代的历史变迁,诸如文字、印刷、电话、影视等等,无疑是一种完全可以改变历史面貌的大智慧大发明大灵感。可以说,人类的文明在发明中进步,人类的历史在技术中推动。在技术发明的智慧游戏中,脑力的活跃与心灵的敏感,起着重要的作用。本书主要通过古代发明、近代发明、现代发明三个阶段来逐一讲述中国科学技术五千年的发展史,以增强青少年学生的民族自豪感和民族自信心。

综上所述,《中华科技五千年》一书记载了新闻出版知识中最精彩的部分,从实际出发,根据读者的阅读要求与阅读口味,为读者呈现最有可读性兼趣味性的内容,让读者更加方便地了解历史万物,从而扩大青少年读者的知识容量,提高青少年的知识层面,丰富读者的知识结构,引发读者对万物产生新思想、新概念，从而对世界万物有更加深入的认识。

此外，本书为了迎合广大青少年读者的阅读兴趣，还配有相应的图文解说与介绍，再加上简约、独具一格的版式设计，以及多元素色彩的内容编排，使本书的内容更加生动化、更有吸引力，使本来生趣盎然的知识内容变得更加新鲜亮丽，从而提高了读者在阅读时的感官效果，使读者零距离感受世界万物的深奥、亲身触摸社会历史的奥秘。在阅读本书的同时，青少年读者还可以轻松享受书中内容带来的愉悦，提升读者对万物的审美感，使读者更加热爱自然万物。

尽管本书在制作过程中力求精益求精，但是由于编者水平与时间的有限、仓促，使得本书难免会存在一些不足之处，敬请广大青少年读者予以见谅，并给予批评。希望本书能够成为广大青少年读者成长的良师益友，并使青少年读者的思想得到一定程度上的升华。

2012年7月

目　录

contents

第一章　历史悠久——古代发明

第二章　发展迅速——近代发明

第三章　最新科技——现代发明

第一章

历史悠久——古代发明

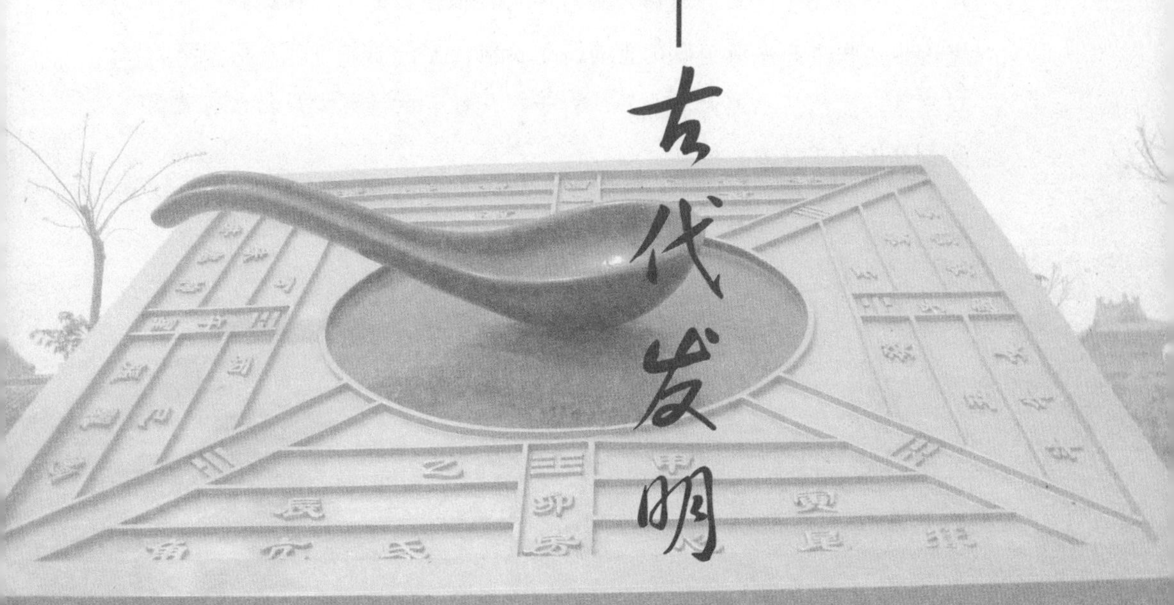

古代人类在漫长的生存过程中，有过很多发明创造。但与今天的发明创造相比，古人的发明创造多是迫于无奈，是为求得生存而偶然获得的，所以发明的东西多与人类生产生活有关，比如纺织机器、陶瓷器皿、交通运输等。中国古代科技水平远超于世界其他国家，很多中国人已经发明的东西，在西方国家却要晚很多年才出现。但是不管古人发明的目的是什么，其中所蕴含的丰富的历史文明都为今日世界的发展与辉煌打下了坚实的基础，是推动人类社会进步不可或缺的一笔伟大的物质财富。遗留下来的这些珍贵的古代发明创造、文化遗产，充分体现了先辈们的伟大智慧和创新精神。深入挖掘、整理和研究这些文化遗产中所蕴藏的重要科学价值，充分了解古代发明创造，探究其形成的历史渊源和背景，对于现代社会的继续发展仍然有着极其重要的引导和推动作用。

纺织机器

中国纺织与印染技术具有非常悠久的历史。早在原始社会时期，为了适应气候的变化，古人就已经学会了就地取材，他们利用自然资源作为纺织和印染的原料，制造了一些简单的纺织工具。即便是物质文明已经高度发达的今天，我们日常的服饰、某些生活用品以及很多艺术品，仍然还是纺织和印染技术的产物。中国的机具纺织最早起源于五千年前新石器时期的纺轮和腰机。到了西周时期具有传统性能的简单机械如缫车、纺车、织机等相继出现，汉代广泛使用提花机、斜织机，唐以后中国的纺织机械日趋完善，大大促进了纺织业的发展。现代的很多纺织机器都是在这些机器的基础上发展起来的。

◆ 纺　坠

纺坠是中国历史上最古老的纺纱工具，它的出现至少可追溯到新时石器时代。根据考古资料来看，在全中国三十几个省市已发掘的早期居民遗址中，几乎都有纺轮出土，纺轮是纺坠的主要部件。出土的早期纺轮一般由石片或陶片经简单打磨而成的，形状不一，多呈鼓形、圆形、扁圆形、四边形等状，

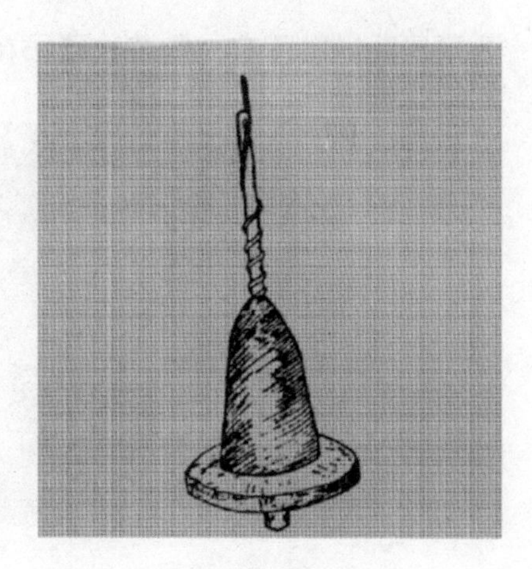

纺　坠

有的轮面上还绘有纹饰。有的用兽骨制成，也有的是由拈杆插在纺轮中间构成的。纺轮的材质有石质、骨质、陶质和玉质等，形状有圆形、球形、锥形、台形、蘑菇形和齿轮形等。早期的纺轮比较厚重，适合纺粗的纱线，新石器时代晚期，纺轮变得轻薄而精细，可以纺更纤细的纱。

纺坠的工作原理是用一手转动拈杆，另一手牵扯纤维续接。纺坠的出现不仅改变了原始社会的纺织生产方式，对后世纺纱工具的发展起到了十分深远的影响，而且它作为一种简便的纺纱工具，一直被沿用了几千年，即使到了二十世纪，西藏地区仍然还有一些游牧藏民在用它纺纱。尽管如此，纺坠纺纱效率较低，纱线的拈度也不均匀等缺点还是使它难以避免被逐渐淘汰的命运，后来出现了根据纺坠工作原理制作的单锭手摇式纺车，由一个锭、一个绳轮和手柄组成。使用纺车能提高纺纱的效率和质量，并可以根据织物的不同要求来纺制粗细不同的纱线。经过不断的改进，纺车由单锭改为多锭，手摇改为脚踏，发展成为我国古代纺织机械史上的重要发明之一——脚踏纺车。

◆ 纺　车

古代通用的纺车按结构可分为手摇纺车和脚踏纺车两种。考古学家在出土的汉代文物中多次发现手

纺车图

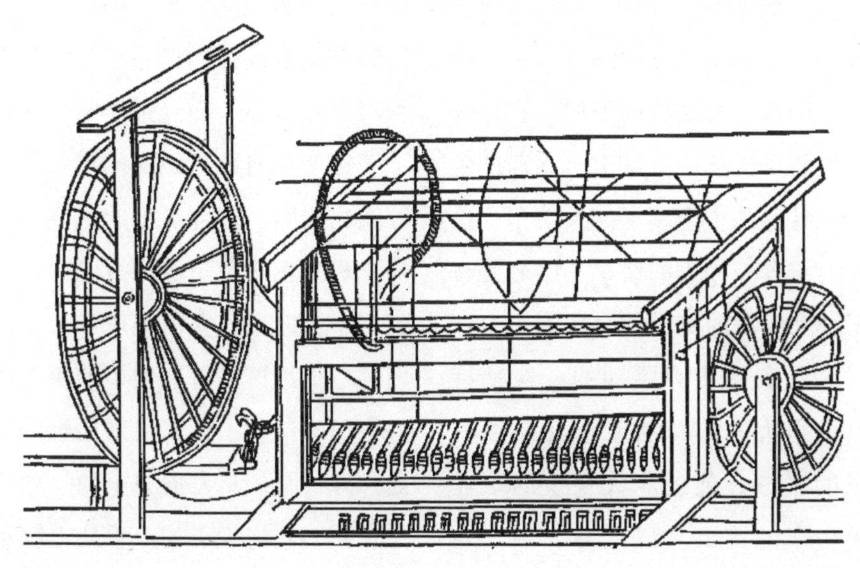

大纺车

摇纺车的相关图像数据，这说明手摇纺车早在汉代就已非常普及。脚踏纺车是在手摇纺车的基础上发展而来的，目前已发现的最早的图像数据是江苏省泗洪县出土的东汉画像石。手摇纺车驱动纺车最主要的是靠手，操作时，需一手摇动纺车，一手从事纺纱工作。

元代出现了脚踏五锭麻纺车，每昼夜能纺二斤纱。还有以人力、蓄力或水力引动的大纺车，有三十二枚纱锭，一昼夜能纺一百斤纱，操作时，纺妇能够用双手进行纺纱操作，大大提高了工作效率，这在当时是世界上最先进的纺纱机械。而在西方，英国人阿克莱1769年才制出“水车纺机”，这比中国的水转大纺车晚了几个世纪。

纺车自出现以来，一直都是最普及的纺纱机具，即使在近代，一些偏僻的地区仍然把它作为主要的纺纱工具。

◆ 水力大纺车

一般来说，古代纺车的锭子数为2至3枚，最多为5枚。宋元之际，随着社会经济的发展，在各种传世纺车机具的基础上，逐渐产生了一种有几十个锭子的大纺车。这种大纺车与原来的纺车不同之处在于：大纺车的锭子数多达几十枚，并且是利用水力驱动的。这些特点使得大纺车具备了近代纺纱机械的雏形，能适应大规模的专业化生产的需要。以纺麻为例，通用纺车每天最多能纺3斤纱，大纺车一昼夜则可纺一百多斤。而用大纺车纺织时，需使用足够的麻才能满足其生产能力。水力大纺车是中国古代将自然力运用于纺织机械方面的一项重要发明，如单就以水力作原动力的纺纱机而言的话，中国要比西方早四个多世纪。

◆ 踏板织机

踏板织机是带有脚踏提综开口装置纺织机的通称。关于踏板织机最早出现的时间，目前尚缺乏可靠的史料说明。据史书记载，战国时期诸侯间馈赠的布帛数量比春秋时高达百倍，而且近年来各地出土了很多刻有踏板织机的汉画象石等实物史料，研究者据此推测：踏板织机的出现可追溯到战国时代。到了秦汉时期，黄河流域和长江流域的广大地区已普遍使用踏板织机进行纺织活动了。织机采用脚踏板提综开口是织机发展史上的一项重大发明，它将织工的双手从提综动作解脱出来，以专门从事投梭和打纬，大大提高了纺织生产率。以生

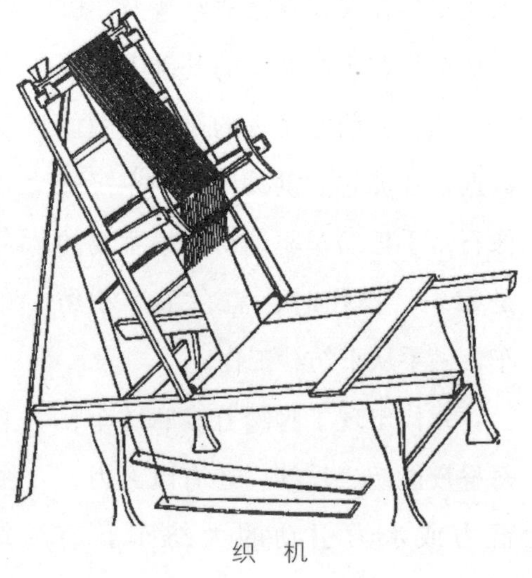
织　机

产平纹织品为例，踏板织机的生产率比之原始织机提高了20~60倍，每人每小时可织布0.3~1米。

目前仍在使用的新疆和田织机是一种多踏板的素织物手工织机，它采用六块踏板，分别控制六片综框。当地织工用此织机可织制出极富新疆民族特色的“艾得来丝绸”。这种丝绸图案色彩的过渡没有明显界限，近看眼花缭乱，远看似高山流水，错落有致；图案的纹样则采用了多彩套色，花纹之间均呈现出晕涧。由于经丝上机后对色不准而导致花纹轮廓出现了参差不齐的特殊效果，从而形成了艾得来丝绸独特的艺术风格。

踏板织机是华夏民族文明史上令所有炎黄子孙引以为傲的伟大发明，后来经由“丝绸之路”逐渐传输到中亚、西亚和欧洲各国。在这项技术上，西方落后于中国四百年，欧洲直到十三世纪才开始广泛

艾得来丝绸

应用这项技术。

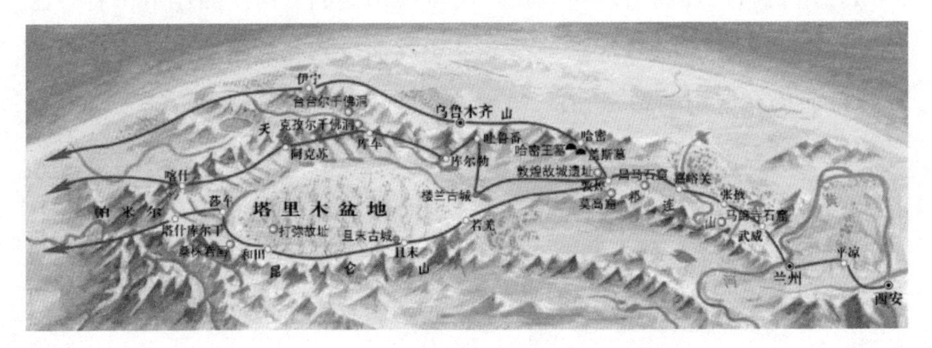

丝绸之路

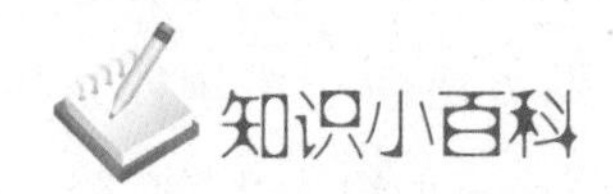

知识小百科

纺车的历史

家用纺车起源于中国，它唤起了人们对欧洲村舍生活方式和印度农村生产力的相似想象。欧洲对已知的对纺车的最早介绍见于公元1280年左右出版的德国斯佩耶尔一个行会章程中的一段间接介绍。

纺车一词是从我国用来加工丝绸纤维的机械中派生出来的。丝绸的一根丝线有几百米长，其抗拉强度为每平方厘米4570千克，这比我们已知的任何一种植物纤维的强度都要高，已接近某些工程材料的强度。在我国最迟不晚于公元前14世纪时，蚕就已经被驯化了，丝绸工业已经发展了起来。虽然从那以后的好几个世纪里没有机械帮助，养蚕和丝绸工业还是有了明显发展，但从后来的发展来看，丝绸业需要卷纬机来处理如此绵长的丝纤维，这一点却是从一开始就注定了的。在公元121年刊印的《说文解字》里曾提到过这种机器，在公元230年刊印的《广雅》

中又一次提及，而于公元1237年刊印的《耕织图》丛书中第一次将上述机器进行了描绘。

蚕

卷纬机的出现时间在我国至少可以追溯到公元前1世纪。现在还不清楚纺车是什么时候从卷纬机派生出来的。保守一点估计的话，可能在公元11世纪时便发生了演变。当时的棉花栽培已经遍及全国。为了处理棉纱，纺车便从卷纬机中分化出来了。后来，这种把丝线绕到筒管上的卷纬机也传到了欧洲，并且似乎比纺车进入欧洲的时间还要早一点。按年代推算，公元1240年至公元1245年间的纺织机就是卷纬机，其中有一种图样描绘得更清楚的机器可以在大约公元1300年出现的伊普里斯的《贸易》中见到。

棉　花

纺车出现的确切时间，目前我们还无法确定。关于纺车的文献记载最早见于西汉扬雄（公元前53年—公元18年）的《方言》，他在《方言》中把纺车叫做“維车”和“道轨”。单锭纺车最早的图像见于山东临沂金雀山西汉帛画和汉

画像石。到目前为止，已经发现的有关纺织画像石不下八块，其中刻有纺车图的有四块。如1956年江苏铜山洪楼出土的画像石上面刻有几个形态生动的人物正在纺丝、织绸和调丝操作的图像，它展示了一幅汉代纺织生产活动的情景。可以看出，纺车在汉代已经成为普遍的纺纱工具。因此也不难推测，纺车出现的时间应该比汉代更早。

◆ 纺织产品

中国的纺织历史悠久，纺织产品亦可归纳为刺绣、丝绸、服饰和地毯四大品种。这四大品种的制作工艺各具风格，下面分别对它们作简单介绍：

（1）刺 绣

作为手工艺的刺绣，是在一般缝纫的基础上发展起来的。中国刺绣历史源远流长。在中国新石器时代，距今七千多年前的河姆渡人不但开始使用骨针，而且有了纺织。后来发展到了穿针引线缝制衣服，这也是人类文明的一大进步。刺绣是一种为了使生活变得美好而创造出来的原发性艺术。刺绣质朴纯真，表现出了刺绣艺人内在的深情。中国的刺绣，数千年来大体上是沿着这样一条线索发展的：先是刺绣衣裳，又扩展到刺绣起居的日用品，再上升到刺绣观赏品。直到现在依然是分为两类，即刺绣生活用品和刺绣书画。

（2）丝 绸

丝是蚕在结茧时吐出的一种液体，由丝蛋白和丝胶组成，后经过空气凝固而成。丝的性能优良，韧

刺 绣

性大而且弹性好，而且一条蚕可吐丝长达1000米左右。所以养蚕缫丝，丝织刺绣便成为中国古代妇女的主要劳动。没想到一条小小的虫儿竟在中国人的生活中起了那么大的作用，这也引起了全世界的震惊。而现在所说的“绸”就是丝织物的类称，绸的质地较细密但又不会过于轻薄，有生织、熟织、素织（平纹上起简单花纹）之分。

根据考古发掘的资料证明，中国的丝织物出现应该是开始于约公元前2735—2175年东南地区新石器时代的良渚文化。而中国汉代（公元前206年—公元220年）和唐代（公元618年—907年）也是丝织发展的两个鼎盛期，在这段时间里丝织发展达到了一个高峰，并有许多实物流传了下来。长期以来，中国不但是丝绸的发明国，并且是拥有这种手工业的唯一的国家。后由于向外输出高级丝织品，中国也被世界其他国家誉为“丝国”。

中国丝织物的图案花纹一开始就呈现出了丰富多彩的景象。不论小花、大花、单色、彩色还是几何自然形，都适应着丝织物的结构和实际用途，并且又与同时代的艺术装饰相映照。中国传统的工艺装饰图案在题材和内容上，不仅讲究形式的美感，更强调吉祥的含义。那些辟邪驱恶的命题也是为了平安纳福。丝绸锦缎以其华美高贵的品质赢得了全人类的青睐，人们又用各种不同的织造技艺和风格独特的艺术匠心使其繁杂多样，从而造就了丝绸三千年的辉煌。

丝 绸

（3）服 饰

服饰是人类区别于动物的特有

丝　绸

合了世界各民族外来文化的优秀技艺，才演化成整体的中国所谓以汉族为主体的服饰文化。在清代（公元1644—1911年）可谓满、汉服饰并存，男子的服饰以长袍马褂为主；满族妇女以长袍为主，汉族妇女则以上衣下裙为时尚。妇女服饰的样式及品种至清代也愈来愈多样化，如背心、裙子、大衣、围巾、腰带、眼镜……层出不穷。

而风行于20世纪20年代的旗袍就来自于清代满族妇女服装，是由汉族妇女在穿着中吸收西洋服装式样不断改进而定型的。从20世纪20年代至40年代末，中国旗袍风行了20多年，款式几经变化，如领子

的劳动成果，它是人类物质文明和精神文明的结晶。几乎是从服饰出现的那天起，人们就已将生活习俗、审美情趣、色彩爱好，以及种种文化心态，都积淀于服饰之中，构筑了服饰文化的精神文明内涵。

中国服饰就如同中国文化，是各民族互相渗透、互相影响而生成的。汉唐（公元前206—公元907年）以来，尤其是近代以后的服饰，大量吸纳融

清朝服饰之袍服

彻底摆脱了老式样，充分展示了女性体态和曲线美，正符合当时的风尚。后来，旗袍传至国外，国外女子纷纷效仿。

旗　袍

（4）地　毯

中国约在（清）咸丰十年至同治十年之间（公元1860—1871年）开始生产地毯，而地毯的图案设计则大约出现在19世纪的最后几年。20世纪初，中国地毯在图案设计、设色、工艺三方面渐趋成熟，至20年代已形成独具特色的中国地毯，产生了彩枝式、美术式等类型的类图案。清代（公元1644—1911年）的地毯主要用于朝廷礼仪、帝后生活以及京中官宦人家，少数为民间喜庆活动使用。中国地毯图案的格局、纹饰以富丽堂皇、庄重肃穆、色彩典雅却不媚俗而著称于世。

地　毯

地毯图案的基本章法主要反映在内纹样的布局上：以圆夔纹样为主，占据地毯中心部位，四个角隅

由等边三角形的角云装饰，地毯的外部环绕着小边和大边，地毯的边缘是一圈狭窄而没有任何装饰的匝边。

◆ 纺织颜料

据史料记载，我国很早就开始利用矿、植物染料对织物或纱线进行染色了。早在几万年前的山顶洞人时代，我们的祖先已经会用天然赤铁矿粉涂染串珠贝和筋绳来装扮自己了。到了奴隶社会，生产分工更加精细，政府专门设有官职"掌染草，掌以春秋敛染草之物，以权量受之，以待时而颁之"；并且有"染人掌染丝帛"（《周礼》）。高贵的丝和丝织物在染色以前，还要经过"暴练"处理（相当于现今的精练工艺）。在《考工记·㡛氏》中曾经记述"暴练"的操作工艺：先是"以涚水沤其丝七日，去地尺暴之"，而后"昼暴诸日，夜宿诸井"，共"七日七夜"。对于丝织物，因为它比丝线紧密，暴练的时候要"以栏为灰，渥淳其帛"，再"实诸泽器，淫之以蜃"，同样反覆处理七昼夜。涚水和栏（liàn）灰都是富含碱性的植物灰汁（碳酸钾等），栏灰就是楝木烧成的灰，而蜃是用贝壳煅烧出来的碱性更强的生石灰（氧化钙）。丝线和丝织物经过反覆碱性灰汁或灰处理以后，就把纤维外面的大部分丝胶除去，有利于染色。织物染前的预处理——"暴练"大

山顶洞人

都在春季进行（“春暴练”），以后便开始了大规模的“夏纁玄，秋染夏”（“夏”的意思是五色）的染色生产活动。

中国古代用于着色的材料可分为矿物颜料和植物染料，其中以后者为古代主要的染料。古代先民很早就掌握了多种植物染料的性质，并发明了多种染色技术和被称为“缬”的纺染印花技术。各种染料均有其特殊的着色原理，矿物颜料和植物染料虽然都是色料，但它们的着色原理却是不同的。矿物颜料着色是通过粘和剂使之粘附于织物的表面，但颜色遇水容易脱落；而植物染料则不然，染制时，其色素分子是通过与织物纤维亲合而改变纤维的色彩，所着之色不管是日晒还是水洗，均不易脱落或很少脱落。

（1）矿物颜料

前面提到的天然赤铁矿是人们最早利用的矿物颜料，到春秋战国时期，人们仍然用它来涂染粗劣的麻织物。当时人们所说的赭衣可能就是用天然赤铁矿石粉涂染的，无领的赭衣主要被用来作为罪犯的囚衣。

此外，朱砂（主要成分是硫化汞）也是古代重要的染红用的矿物颜料。在《考工记·钟氏》中曾经记载过用丹涂染羽毛，这里所说的丹就是指朱砂。在宝鸡茹家庄西周墓出土的麻布以及刺绣印痕上，都有用丹涂染的痕迹。由于朱砂颜色红赤纯正，经久不褪，一直到西汉，人们都还用它作为涂染贵重衣料的颜料。从长沙马王堆一

朱 砂

号汉墓中出土文物中发现的朱红菱纹罗绵袍上的朱红色经X射线衍射分析后，发现它的谱图和六方晶体的红色硫化汞谱图相同。朱砂或赭石颜料施染以前，都要经过研磨并加胶液调制成浆状，才可以用工具涂到织物表面。从上面提到的对出土纺织品的分析中可以看出，当时的颜料研磨已经相当精细，涂染技术十分精良。除染红色的朱砂、赭石外，其他的天然矿物颜料还有很多，如染白的绢云母，染黄的石黄，染绿的石绿等。

（2）植物染料

虽然古代人们早就掌握了矿物染料的运用，但还是以植物染料为主导。古代先民很早就掌握了多种植物染料的性质，他们了解到植物染料在染制时，其色素分子是通过与织物纤维亲合而改变纤维的色彩的，所着之色经日晒水洗亦不易脱落或很少脱落。

古代常用的植物染料数目众多，古人根据不同的染料特性而创造的染色工艺也有很多。古人早就熟练掌握了各种染料的特性，能够很好地将各种染料进行组合，染出很多漂亮的色彩。早在六、七千年前的新石器时代，我们的祖先就能够用赤铁矿粉末将麻布染成红色，居住在青海柴达木盆地诺木洪地区的原始部落也能把毛线染成黄、红、褐、蓝等颜色，织出带有色彩条纹的毛布。

青海柴达木盆地

我国古代染色用的染料，大都是人们从大自然中萃取的天然矿物或植物染料

等，古代将青、黄、赤、白、黑五种原色称为“五色”，再将五色混合得到“间色（多次色）”。日本古代染色中有名的“草木染”也是如此。植物染料始于中国，远在周朝开始就已有历史记载，宫廷手工作坊中设有专职“染草之官”，又称“染人”，染出的颜色不断增加。此后的每个朝代都设有专门掌管染色技术的管理机构。如在秦代有“染色司”，唐宋有“染院”，明清有“蓝靛所”等。到了明清时期，我国的染料应用技术已经达到相当高的水平，染坊也有了很大的发展。乾隆时有人这样描绘上海的染坊：“染工有蓝坊、染天青、淡青、月下白；有红坊，染大红、露桃红；有漂坊，染黄糙为白；有杂色坊，染黄、绿、黑、紫、虾、青、佛面金等。”此外，比较复杂的印花技术也有了发展。至1834年法国的佩罗印花机发明以前，我国一直都是拥有世界上最发达的手工印染技术的国家。

古代常用的矿物植物染料实在是多不胜数，古人根据不同的染料特性而创造的染色工艺有：直接染、媒染、还原染、防染、套色染等。染料品种和工艺方法的多样性使古代印染行业的色谱十分丰富，仅古籍中记载的就有几百种，特别是在一种色调中明确地分出几十种近似色，这需要熟练地掌握各种染料的组合、配方及改变工艺条件方能达到。

染　坊

生活器具

◆ 生活用具

（1）爵

爵可以算得上是最早的酒器了，功能上相当于现代的酒杯。流行于夏、商、周时代。爵的一般形状：前有流（即倾酒的流槽），后有尖锐状尾，中为杯，一侧有鋬，下有三足，流与杯口之际有柱，此为各时期爵的共同特点。

爵

夏代晚期，爵的形制有了一定的变化：有的尚带有陶爵的特征，有的则较为精巧；一般器壁较薄，表面粗糙，无铭文，腹部偶有简略的连珠纹；流和尾的倾斜度都不大，流多作狭槽形，且较长，个别也有较短的；流和杯口之际多数不设柱，有的也设有不发达的钉状柱；都是扁体爵，体截面呈橄榄形，底皆平，鋬与一足成直线，两足在另一侧。目前发现的夏代晚期的青铜爵数量不多，造型一般原始拙朴，也有新颖而精巧的，说明这种饮酒器已经历了长时期的发展过程。

（2）樽

羊形牺樽

樽也是古代盛酒器具的一种，在礼器中的地位仅次于鼎。樽一般为侈口，高颈，鼓腹或筒腹，圈足。商代以后的铜樽为盛酒器皿，大汶口文化遗址中发现的一些刻在大口樽上的刻划符号表明，这种樽可能是古人用来酿酒的。在郑州铭功路和黄陂盘龙城商代中期的遗址中出土了我国目前已知最早的釉陶樽，这种釉陶樽为敞口、折肩、凹底形状。另有一种形制较特殊的鸟兽形樽，即樽的整体为立体的鸟兽形状，有盖、有流，而且对盖、流的处理极其巧妙。

（3）鼎

最初的鼎是由远古时期陶制的食具演变而来的。鼎的主要用途是烹煮食物，鼎的三条腿便是灶口和支架，腹下烧火，可以熬煮及油烹食物。从三代至秦汉延续的两千多年间，鼎一直是最常见和最神秘的礼器。青铜鼎的出现又为它增添了一项新功能，使它成为了祭祀神灵的一种重要礼器。青铜鼎多为圆腹三足，也有方腹四足的，鼎口处有两耳。

鼎在古代有非常重要的地位，

青铜鼎

在封建社会显示奴隶主身份和社会等级差别的标志之一就是对铜鼎的拥有和使用。在周代，就有所谓“天子九鼎，诸侯七鼎，卿大夫五鼎，元士三鼎”等使用数量的规定。伴随着这种等级、身份、地位标志的演化进程，鼎逐渐成为了王权的象征、国家的重宝，统治者往往以举国之力，来铸造大鼎。但是从秦代起，鼎的王权象征意义开始逐渐丧失，直到后来伴随着佛教在中国的传播，鼎的形式才得以延续下来。后代的鼎通常安放在寺庙大殿前，既是装饰物，又是焚香的容器。

鼎是我国青铜文化的代表，是文明的见证，也是文化的载体。根据禹铸九鼎的传说可以推想，我国古人远在4000多年前就有了青铜的冶炼和铸造技术；而从地下发掘出的商代大铜鼎，也是作为证明我国商代已是高度发达的青铜时代的确凿证据。中国历史博物馆收藏的“司母戊”大方鼎就是商代晚期的青铜鼎，长方，四足，高133厘米，重875千克，是世界上现存的最大的商代青铜器。鼎腹内刻有“司母戊”三个字，是商王为祭祀他的母亲戊而铸造的，而清代出土的大盂鼎、大克鼎、毛公鼎和颂鼎等也都是西周时期的著名青铜器。鼎和其他青铜器上的铭文记载了商周时代的典章制度和册封、祭祀、征伐等史实，而且把西周时期的大篆文字传给了后世，形成了具有很高审美价值的金文书法艺术，鼎也因此更加身价不凡，成为比其他青铜器更为重要的历史文物。

“司母戊”方鼎

（4）鬲

鬲

鬲是古代煮饭用的炊器，主要用途是煮粥。铜鬲最初是按照新石器时代已有的陶鬲样式制成的。其形状一般为侈口（口沿外倾），有三个中空的足，足尖多成乳头状为了便于炊煮加热。鬲圆颈大口，三足与腹连为一体，称为袋足，或称款足。这种结构可增大受火面积，使食物速熟。

在新石器时代即已出现了陶鬲，或有柄、或有耳、或有盖。商周时期即出现铜鬲，并逐渐进入了礼器行列。作为礼器的鬲在使用时与鼎有一定的组合关系，如2、4、6个鬲，每与5、7个鼎相配；8个鬲，每与9个鼎相配。商代前期的鬲多无耳，后期口沿上一般两个直耳。西周前期的鬲多为高领，短足，常有附耳。西周后期至春秋的鬲大多数为折沿折足弧裆，无耳，有的在腹部饰以觚棱。西周时还有一种方鬲，体为长方形，下部有门可以开合，由门内放入木炭。故宫博物院收藏了一件方鬲，方鬲的门前还表现出了刖刑奴隶守门的形象。

甑

（5）甑

甑是古代用来蒸饭的一种瓦

器。底部有许多透蒸气的孔格，可置于鬲上蒸煮。甑分上下两部分，或分体，或浑体。多为圆形、立耳，少数为方形。

（6）甗

甗的主要用途是蒸饭，在下部煮水，蒸气通过中间的孔将上部的米蒸熟。甗主要为日用器，亦兼作礼器，并与鼎、簋、盘等配合。

甗

（7）觚

觚是古代的饮酒器和礼器。造型为圆形细长身，喇叭形大口，侈口，细腰，圈足外撇。觚盛行于商周时期，作用相当于酒杯。在商代以前即已出现陶觚，商晚期的觚为大侈口，腰细短，也有方形的。商朝早中期，觚的器身较为粗矮，圈足上有一“十”字孔；商晚期至西周早期，觚身细长，中腰更细，口沿和圈足外撇更甚，圈足上无“十”字孔。这一时期的觚胎体厚重，器身常饰有蚕纹、饕餮、蕉叶等纹饰。西周后期，肌逐渐消失。不过从西周中期开始，觚和相关的一些酒器一起衰落了。

觚

筷子的传说

四川等地流传着一个关于筷子的传说，说的是姜子牙只会直钩钓鱼，其他一件事也不会干，所以家里穷困潦倒。他老婆实在无法跟他过苦日子，便想着将他害死后再另嫁他人。这天姜子牙出去钓鱼后又两手空空回到家中，他老婆对他说：“你饿了吧？我给你烧好了肉，你快吃吧!”姜子牙确实饿了，伸手就去抓肉。但这时窗外突然飞来一只鸟，啄了他的手背一口。他疼得“啊呀”一声，肉没吃成，却忙着去赶鸟。当他第二次去拿肉时，鸟又啄他的手背。姜子牙犯疑了：“鸟为什么两次啄我，难道这肉我吃不得？”为了试鸟，他又第三次抓肉，这时鸟又来啄他。姜子牙才知道这是一只神鸟，于是装着赶鸟，一直追出门去，直追到一个无人的山坡上。神鸟栖在一枝丝竹上，并呢喃鸣唱：“姜子牙呀姜子牙，吃肉不可用手抓，夹肉就在我脚下…。”姜子牙听了神鸟的指点，忙摘了两根细丝竹回到家中。这时老婆又催他吃肉，于是姜子牙便将两根丝竹伸进碗中夹肉，看见丝竹嗞嗞地冒出一股股青烟。姜子牙假装不知放毒之事，对老婆说：“肉怎么会冒烟，难道有毒？”说着，姜子牙夹起肉就向老婆嘴里送。老婆的脸都吓白了，忙逃出门去。姜子牙明白这丝竹是神鸟送的神竹，能验出任何毒物，从此每餐都用两根丝竹进餐。此事传出后，不但他老婆不敢再下毒，四邻也纷纷学着用竹枝吃饭。后来效仿的人越来越多，用筷吃饭的习俗也就一代代传了下来。这个传说显然是姜子牙的崇拜者制造出来的，与史料记载也不相符。据考证，殷纣王时代已出现了象牙筷，姜子牙和殷纣王是同时代的人，既然纣王已经用上象牙筷，那姜子牙的丝竹筷也就谈不上什么发明创造了。不过有一点却是真实的，那就是商代南方确实是以竹为筷的。

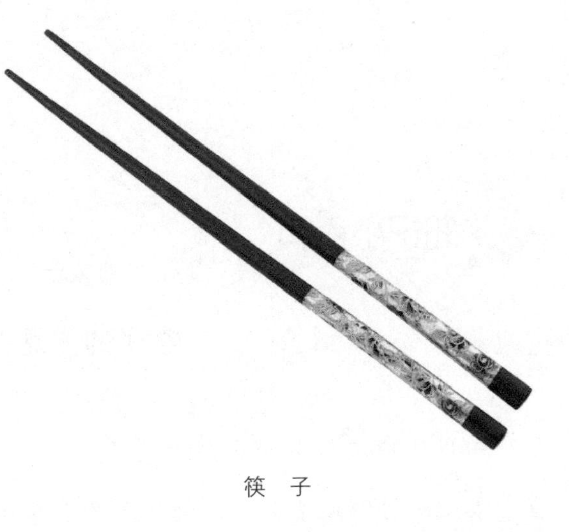

筷　子

◆ 照明灯具

现代社会用来照明的有各式各样的灯具，但追溯到远古时代，人类是用火来照明的。考古学家在北京猿人居住过的洞穴中，发现了大量的灰烬堆积，科学家推测在五十万年前还没有灯的情况下，只能采取用火光来照明的办法。当时，火不单是为了照明，还可用来烤熟食物、取暖等。随着人类社会的进步和社会生产的发展，后来出现了“炬”“燎”“烛”等照明灯具。汉代时被称作“镫”，后简称为“灯”。

东汉时期青瓷灯的出现，逐渐取代了之前的青铜灯具；到了六朝时期，灯盏的造型已经基本定型为油盏、托柱、承盘三个部分；三国西晋时期的越窑青瓷灯盏，出现了将托柱做成熊的造型，并在承盘下安了三个兽形或蹄形足；南朝的灯盏大多无足，但托柱变得很高；进入经济高度发达的唐代以后，灯盏开始作为实用兼装饰物而大量出

现在宫廷和灯节之中，唐代灯具的常见造型为碗碟状，内壁有一圆环。宋代由于陶瓷业的发达，各个窑口都有各具特色的陶瓷灯盏继续着盛世辉煌；而明代灯盏的式样变化很多，有一种灯盏上部似一把带盖小壶，下部为盆式托座，灯芯从壶嘴插入壶中，造型新颖别致。

青瓷灯

（1）长信宫灯

长信宫灯是中国汉代的一种青铜器，1968年出土于河北省满城县中山靖王刘胜之妻窦绾墓。宫灯灯体中空，通体鎏金、宫女跽坐执灯状，宫女神态恬静优雅。灯体高48厘米，重达15.85千克。长信宫灯整体由头部、身躯、右臂、灯座、灯盘和灯罩六部分组成，各部均可拆卸。长信宫灯的结构设计十分巧妙，宫女着广袖内衣和长袍，左手持灯座，右臂高举与灯顶部相通，形成烟道，既防止了空气污染，又有审美价值。此宫灯上刻有“长信”字样，因曾放置于窦太后（刘胜祖母）的长信宫而得名。现藏于河北省博物馆。

灯罩由两片弧形板合拢而成，可活动，以调节光照度和方向。灯盘有一方銎柄，内尚存朽木。座似豆形。器身共刻有九处65字的铭

长信宫灯

文，分别记载了该灯的容量、重量及所属者等信息。据考证，此灯原为西汉阳信侯刘揭所有。刘揭文帝时受封，景帝时被削爵，家产及其此灯被朝廷没收，归皇太后居所长信宫使用。后来皇太后窦氏又将此物赐于本族裔亲窦绾。此灯做为宫廷和王府的专用品、礼品，可见它在当时也是很珍贵的。

长久以来，长信宫灯一直被认为是我国工艺美术品中的巅峰之作和民族工艺的重要代表而广受赞誉。这不仅在于其独一无二、稀有珍贵，更在于它精美绝伦的制作工艺和巧妙独特的艺术构思。长信宫灯采取分别铸造，然后合成一个整体的方法，一改以往青铜器皿的神秘厚重，整个造型及装饰风格都显得舒展自如、轻巧华丽，是一件既实用、又美观的灯具珍品，堪称“中华第一灯”。考古学和冶金史的研究专家一致公认，此灯设计之精巧，制作工艺水平之高，数汉代宫灯之极品。

（2）省油灯

日常生活中人们常用“某某某不是省油的灯”来形容某些人比较厉害、刻薄。其实，这里所说的“省油的灯”在历史中真的曾经出现过。唐朝中晚期，四川成都附近的邛窑烧制的省油灯就是真正的节能灯。省油灯是一个碗形的灯具，有夹层，上层像个小碗，下层是空心的，里面可以用来装水。因为当时主要是用油料燃灯照明，而油料遇热后会挥发，所以唐朝工匠们采用在灯具腹内蓄水的方法来降低灯油的温度，以减少油料的挥发。和一般灯具不同的是，比如 灯属于立燃式灯具，而省油灯则是卧燃式灯具，在燃烧时它的灯芯是睡卧在

省油灯

灯具中的。一些测试结果表明，使用省油灯的确能够节省灯油25%至30%，给老百姓带来了真正的实惠。在考古中，历朝历代都有大量的省油灯出土。

（3）唐宋彩色陶瓷灯

唐朝是我国古代历史文化发展到达巅峰的一个时期，各项技术的运用在这时已经相当成熟，其中，举世闻名的唐三彩就是最佳代表。

其实，古代人们很早就开始在灯具中运用彩陶技术了。在“万家灯馆”的展柜中有一些唐代的彩灯吸引了众多观赏者的目光。据介绍这些彩灯是用绿色、黄色、褐色的釉烧制而成的，只有贵族才能用得起，绝对是当时的“奢侈品”。唐代国力强盛，生活物资十分丰富，厚葬之风日盛，因而唐三彩当时也曾被作为一种冥器（陪葬品）列入官府的规定之列。官风如此，民风当然也如此，于是从上到下形成了一种厚葬之风。到了宋代，陶瓷技艺达到了古代的顶峰，白釉灯开始出现，这个时候的陶瓷灯具已经走入了寻常百姓家，不再为统治阶级所独有。到了明代，民俗文化、宗教文化开始影响灯具的造型，出现了例如文殊菩萨灯、童子灯等造型新颖的灯具。而清代的灯具设计则以书法、绘画为主，花鸟鱼虫出现在了灯具表面，外形上也逐渐追求吉利象征意义，如寿字形烛台、狮猴灯、大狮小狮灯。据说狮猴灯是取意“封师拜侯”的意思，而大狮小狮则是“太师少师”的意思，都代表升官发财；另外还有麒麟送子灯，这也是为了讨吉利。同时，灯具的地域性表现变得越来越明显，比如四川灯以双盘为主，颜色

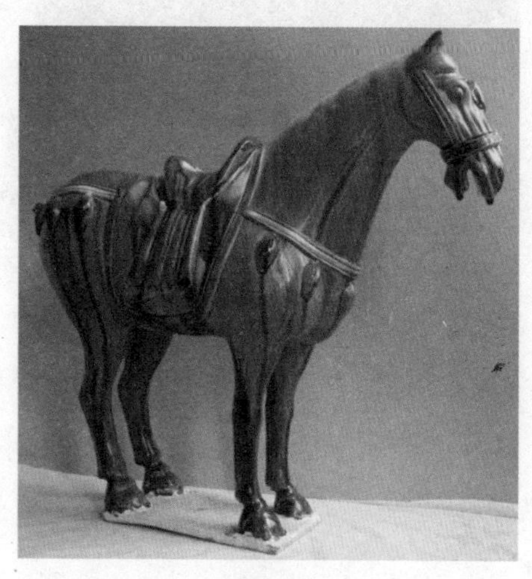

唐三彩

以藏青色为主，花纹和当地的蜡染近似；而山西灯以壶形为主，颜色比较淡，花纹雅致；还有河南灯、湖南灯等，都反映了各地的风土人情。其中，云贵等地出产的矿灯非常吸引人。这种灯的灯嘴很长，有点像前门的大茶壶，放在矿道里，不但可以用来照明，壶嘴还可以起到指路的作用，很简单但很实用。

进入二十世纪后，西方科技迅速发展，美国人爱迪生发明了电灯。随着中国与世界交流的不断增多，电灯也进入了中国这个古老的国度，并逐渐结束了以蜡点灯的时代。随着新中国的成立和现代化建设的发展，中国的民间古灯逐渐走向衰败，成为了见证历史的文物古玩。明清时期景德镇烧制出青花和彩绘高足烛台，但因为是用来盛装蜡烛作照明工具之用，故灯的造型变化较大。

青瓷灯

（4）瓷 灯

瓷灯就是一种瓷制灯具。两晋、南朝以至隋朝的青瓷灯，多是下设一圆盘或方盘，圆盘中立一灯柱，上座灯盏，灯盏与灯柱也可分开制作后合成。唐代开始出现白瓷灯，河南陕县刘家渠出土的白釉莲瓣座瓷灯台是这个时代瓷灯中的精品。到了宋代，瓷灯的形制、釉色更为丰富。而明代的瓷灯则是在盆式座上立一带盖小壶以代盏，灯芯由壶嘴插入，造型别具一格。迄今为止，在我国发现的最早并有纪年铭文的瓷灯是南京清凉山出土的三国时期“甘露元年”青瓷熊形灯。

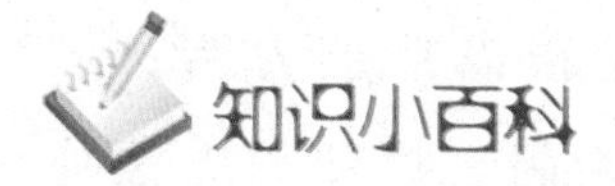

秦宫的“壁炉”和“火墙”

我们都知道秦代的生产力水平比较低下，那当时的宫廷贵族是怎样御寒取暖的呢？据《秦宫廷文化》介绍：考古学家们在咸阳宫殿遗址的洗浴池旁边发现有壁炉，看似为供取暖用的设备。研究者认为，这应该是在当时那种生产力条件下较为先进的方式了。除此之外，其他宫室中虽未发现同样的设施，但猜想也应与此一致。壁炉采暖可以克服火盆、火塘取暖的弊病。遗址中总共发现了三座壁炉，其中两座壁炉是供浴室采暖用的，而第三层第三室的壁炉接近最大的一室，似乎是供高级统治者采暖用的。一号建筑遗址里的壁炉宽1.2米，纵深1.1米，高1.02米，炉膛为覆瓮形，可使热焰在膛内有充分回旋的余地，炉顶为“入”字形，有较大的散热面积。由于上部建筑已经被毁坏，因此无法得知烟道的样式。炉口前有灰坑，炉的左侧有一个存放木炭的炭槽，由此可知该壁炉使用的燃料是木炭。木炭没有较大的火焰，燃烧的时间比较长，可以使室内温度长时间保持稳定。另据介绍，在秦长乐宫遗址里还曾发现火墙的做法，即用两块筒瓦相扣，做成管道，包于墙内，与灶相通，用来取暖。

◆ 陶 器

早在东汉时期，古人就在昌南（现在的景德镇）建造了窑坊来烧制陶瓷。到了唐朝，由于昌南土质好，先人们又吸收了南方青瓷和北方白瓷的优点创制出一种青白瓷。青白瓷晶莹滋润，有假玉器的美称，因而远近闻名，还大量出口欧洲。十八世纪以前，欧洲人还不会制造瓷器，因此中国瓷器特别是昌南镇的精美瓷器很受欢迎。在欧洲，昌南镇瓷器是十分受人喜爱的贵重物品，人们都以能获得一件昌南镇瓷器为荣。因而欧洲人便以“昌南”作为瓷器（China）和生产瓷器的“中国”（China）的代称，久而久之，欧洲人就把昌南的本意忘却了，只记得它是“瓷器”，即“中国”了。由此可见，中国的陶器和瓷器在世界上真是有着巨大的影响力。

昌南镇瓷器

陶器是指以粘土为胎，经过手捏、轮制、模塑等方法加工成型后，在800℃~1000℃高温下焙烧而成的物品，坯体不透明，有微孔，具有吸水性，叩之声音不清，具有浓厚的生活气息和独特的艺术风格。陶器的发明是人类文明发展的一个重要标志，是人类第一次利用天然物，按照自己的意志创造出来的一种新事物。陶器的出现，标志着新石器时代的开端，也大大改善了人类的生活条件。它揭开了人类利用自然、改造自然的新篇章，具有划时代的重大意义。

人们将粘土加水混和后制成各种器物，干燥后经火焙烧，产生质

陶　器

的变化后，形成陶器。陶器可分为细陶和粗陶，白色或有色，无釉或有釉。品种有灰陶、红陶、白陶、彩陶和黑陶等。陶器的表现内容多种多样，动物、楼阁以及日常生活用器无不涉及。

早在商代时期，中国就已出现釉陶和初具瓷器性质的硬釉陶了。从河北省阳原县泥河湾地区发现的旧石器时代晚期的陶片来看，中国陶器的出现距今已有约11 700多年的悠久历史。据放射性碳素测定，因1973年在河北武安磁山首次发现而得名的磁山文化距今已有7900年以上。1977年考古人员在河南新郑裴李岗发现了与磁山文化时代相当、内容近似的文化遗存，因此合称为“磁山·裴李岗文化”。磁山·裴李岗文化的时代要早于仰韶文化，是黄河中游地区新石器时代文化的代表。该文化的陶器代表主要有鼎、罐、盘、豆、三足壶、三足钵、双耳壶等，器物以素面无文者居多，部分夹砂陶器饰有花纹。

随着社会的不断进步，陶器的质量也得到了逐步提高。到了商代和周代，已经出现了专门从事陶器生产的工种。在战国时期，人们又在陶器上刻画了各种优雅的纹饰和花鸟。这时的陶器也开始

陶　器

应用铅釉技术，陶器的表面变得更为光滑，也有了一定的色泽。到了西汉时期，上釉陶器工艺开始广泛流传起来。在汉代开始出现了多种色彩的釉料。在唐代，有一种盛行的陶器，它以黄、褐、绿为基本釉色，后来人们习惯地把这类陶器称为“唐三彩”。唐三彩是一种低温釉陶器，在色釉中加入不同的金属氧化物，经过焙烧，便形成浅黄、赭黄、浅绿、深绿、天蓝、褐红、茄紫等多种色彩，但多以黄、褐、绿三色为主。唐三彩的出现标志着陶器的种类和色彩已经开始变得更加丰富多彩。

红　陶

陶器主要可以分为以下几种类型：

（1）红 陶

红陶在中国的出现时间最早，红陶的烧成温度很高，约为900℃左右。考古发掘资料显示，黄河流域的裴李岗文化和仰韶文化、大汶口文化时期都以泥质红陶和夹砂红褚陶为主。

（2）彩 陶

彩陶是仰韶文化的一项卓越成就，是用赭、红、黑和白等色绘饰的陶器，具有浓厚的生活气息和独特的艺术风格。彩陶是在陶器未经焙烧以前就把花纹画在陶坯上，烧成后彩纹就会固定在器物表面，且不易脱落。有的人还会在彩绘花纹之前先在陶器上涂一层白色陶衣，这会使彩绘花纹更为鲜明。

彩陶的花纹有很多种，主要有花卉图案和几何形图案，也有少数动物纹。几何形图案主要有：弦纹、网纹、锯齿纹、三角纹、方格纹、垂幛纹、旋涡纹、圆圈纹、波

彩　陶

折纹、宽带纹，并有月亮、太阳、北斗星等纹样；动物纹样常见的有鱼纹、鸟纹、蛙纹等，而兽纹较多的则是猪纹、狗纹和鹿纹，有的奔驰，有的站立。这些动物形象，反映出当时的渔猎在原始社会生活中的重要地位；人物纹样较少见，考古学家1973年在青海大通县发掘出一件陶钵，其口沿内壁上画有三组跳舞的人群，五人一组，舞人动作整齐，姿态优美，精美异常；还有植物纹样，在距今6800年的浙江河姆渡文化陶器上，人们发现有稻麦粒、枝叶、花瓣，甚至有些已概括成为几何形体，并和几何形纹混和在一起构成纹样，形成了一种独特的风格，别有一番情趣。

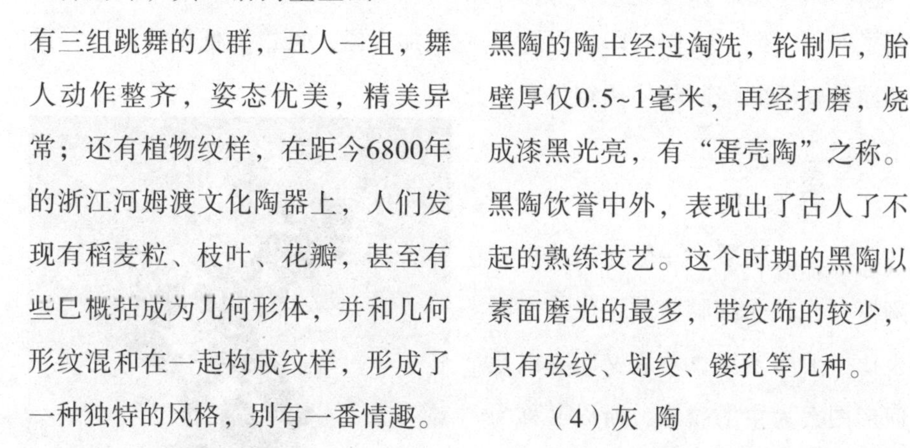

（3）黑　陶

黑陶出现于龙山文化时期，它的烧成温度达1000℃左右，黑陶有细泥、泥质和夹砂三种，其中以细泥薄壁黑陶的制作水平最高，有“黑如漆、薄如纸”的美称。这种黑陶的陶土经过淘洗，轮制后，胎壁厚仅0.5~1毫米，再经打磨，烧成漆黑光亮，有“蛋壳陶”之称。黑陶饮誉中外，表现出了古人了不起的熟练技艺。这个时期的黑陶以素面磨光的最多，带纹饰的较少，只有弦纹、划纹、镂孔等几种。

（4）灰　陶

在新石器时代早期的斐李岗文化遗址中就已经出现过灰陶制品，另外仰韶文化、龙山文化时期也有一定数量的灰陶，多为夹砂灰陶，特别是用于蒸煮的器皿。夏代（二里头文化早期）则以灰陶和夹砂陶为主导。

（5）白 陶

白陶是指表里和胎质都呈白色的一种陶器。它是用瓷土或高岭土烧制成的，烧成温度在1000℃左右。白陶基本上都是手制，以后也逐步采用泥条盘制和轮制手段。白陶器的出现时间为龙山文化晚期，商代时达到鼎盛。商代后期白陶发展迅速，研究者在安阳殷墟出土了大量的白陶制品，制作相当精致。到了西周时期，人们对印纹硬陶器和原始瓷器的烧制与使用较多，便不再烧造白陶器了。

（6）硬 陶

硬陶的胎质与一般泥质或夹砂陶器相比较为细腻坚硬，烧成温度也比一般陶器高，器表又印有以几何形图案为主的纹饰，所以又称为“印纹硬陶”。因印纹硬陶所用原料含铁量较高，所以胎色较深，多呈紫褐、红褐、黄褐和灰褐色。根据化学组成分析，其胎质原料基本接近原始青瓷。印纹硬陶坚固耐用，绝大多数是贮盛器。在黄河中下游地区和长江中下游地区都发现过商代印纹硬陶。西周是印纹硬陶发展的兴盛时期，西周至战国时期的印纹硬陶主要盛行于长江中下游地区及南方的福建、台湾、广东、广西等地。

（7）釉 陶

汉代出现了一种在釉料中加入了铅的釉陶，又称“铅釉陶”。铅釉陶的出现，是汉代制陶工艺的杰出成就。铅是一种助溶剂，在釉料中加入铅，可以降低釉的熔点，还

三彩釉陶天王俑

可使釉面增加亮度，平正光滑，使铁、铜着色剂呈现出美丽的绿、黄、褐等色，其中以绿釉为最多，绿如翡翠，光彩照人。

此外，从墓葬中出土的铅釉陶器表面有时会出现一层银白色光泽，有人称为“银釉”。根据考古工作者的科学研究发现，“银釉”形成的原因是由于釉面长期受潮，釉层表面析出多层次的沉积物，在光线的折射下产生了银白光泽。

◆瓷　器

瓷器的发明是在陶器技术不断发展和提高的基础上产生的。商代的白陶是原始瓷器出现的基础，白陶是用瓷土（高岭土）作原料，烧成温度在1000℃以上。白陶的烧制成功对陶器到瓷器的过渡起到了非常重要的作用。

在商代和西周遗址中发现的“青釉器”已经明显具有了瓷器的基本特征。它们的质地较陶器细腻坚硬，胎色以灰白居多，烧成温度高达1100℃~1200℃，胎质基本烧结，吸水性较弱，表面施有一层石灰釉。但它们与瓷器又不完全相同，因此后人称之为“原始瓷”或“原始青瓷”。原始瓷从商代出现后，经过西周、春秋战国到东汉，中间历经了1600~1700年间的变化发展，逐步由不成熟变得成熟起来。从出土的文物来看，东汉以来至魏晋时制作的瓷器多为青瓷。这些青瓷加工精细，胎质坚硬，不吸水，表面施有一层青色玻璃质釉。这种高水平的制瓷技术，标志着中国瓷器生产已经进入了一个新的时代。

而我国白釉瓷器萌发于南北朝时期，到隋朝已经发展到成熟阶段。至唐代则更有新的发展，这个时期的瓷器培烧温度达到了1200℃，瓷的白度也达到了70%以上，这已经接近于现代高级细瓷的标准了。这一成就为釉下彩和釉上彩瓷器的发展打下了坚实的基础。宋代的瓷器在胎质、釉料和制作技术等方面又有了新的提高，烧瓷技术达到完全成熟的程度；而且在工艺技术上有了明确的分工，是我国瓷器发展史上的一个重要阶段。

宋代闻名中外的名窑很多，耀州窑、磁州窑、景德镇窑、龙泉窑、越窑、建窑以及被称为宋代五大名窑的汝、官、哥、钧、定等烧制的产品都有它们各自独特的风格。耀州窑（陕西铜川）产品精

黑瓷盘口壶（东晋）

美，胎骨很薄，釉层匀净；磁州窑（河北彭城）以磁石泥为坯，所以瓷器又称为磁器。磁州窑多生产白瓷黑花的瓷器；景德镇窑的产品质薄色润，光致精美，白度和透光度之高被推为宋瓷的代表作品之一；龙泉窑的产品多为粉青或翠青，釉色美丽光亮；越窑烧制的瓷器胎薄，精巧细致，光泽美观；建窑所生产的黑瓷是宋代名瓷之一，黑釉光亮如漆；汝窑为宋代五大名窑之冠，瓷器釉色以淡青为主色，色清润；一直以来，官窑是否存在的问题都是人们争论不休的话题，一般学者认为，官窑就是卞京官窑，窑设于卞京，为宫廷烧制瓷器；哥窑在何处烧造也一直是颇受争议的话题。从各方面资料的分析来看，哥窑很可能是与北宋官窑一起产生的；均窑烧造的彩色瓷器较多，以胭脂红最好，葱绿及墨色的瓷器也不错；定窑生产的瓷器胎细，质薄而有光，瓷色滋润，白釉似粉，称粉定或白定。

我国古代陶瓷器釉彩的发展，遵循了从无釉到有釉，又由单色釉到多色釉，然后再由釉下彩到釉上彩，并逐步发展成釉下与釉上合

绘的五彩，再到斗彩的发展路线。彩瓷一般分为釉下彩，釉中彩和釉上彩三大类，在胎坯上先画好图案，上釉后入窑烧炼的彩瓷叫釉下彩（1100℃~1340℃）；上釉后入窑烧成的瓷器再彩绘再烧的（1100℃~1340℃）为釉中彩；上釉后入窑烧成的瓷器再彩绘，又经炉火烘烧（600℃~800℃）而成的彩瓷，叫釉上彩。明代著名的青花瓷器就属釉下彩的一种。

瓷器与陶器之间有着密不可分的联系，当部分掺有高岭土（或长石、石英、石灰等天然釉料）以及其他含有氧化铜、氧化铁、氧化亚铅等天然色彩成份的原料在烧结陶器时，在陶器表面会自然结成一层薄釉（日本的信乐烧最早就是这样出现的）。在中国历史上，明代以前的瓷器以素瓷（即没有装饰花纹，以色彩纯净度的高低为优劣标准的瓷器）为主，最早的素瓷依照颜色分类，有青瓷、黑瓷、白瓷三种常见颜色的瓷器。明代以后主要流行彩绘瓷。彩绘瓷和其他彩色瓷器中较为著名的有：唐三彩（唐三彩不是瓷，是低温铅陶）、信乐烧、青花瓷等；依照瓷器出产地点不同也有不一样的分类，如中国浙江越窑（秘色瓷）、江西昌南、河北定瓷，以及日本在10世纪后发展起来的特色瓷器，如近江、甲贺的信乐烧、长崎有田烧、冈山县备前烧等。另外欧洲自18世纪起也开始制造瓷器，今天英国、法国、俄罗斯、德国等地，特别是英国已建立起多个高级瓷器品牌。

一件造型独特的陶瓷摆件，既有装饰作用，更是一件艺术品，能体现一定的文化层次，起到增光添彩的艺术效果。

◆ 玻 璃

据可靠资料显示，人类自石器时代开始即已会使用天然的火山玻璃了。古埃及在公元前二千年左右已有人们使用玻璃制作器皿的相关记载。到公元前200年，巴比伦发明了玻璃吹管制玻璃的方法，接着这个方法传入罗马，公元一世纪左

玻璃浮雕

右罗马的波特兰瓶即是玻璃浮雕作品。到了十一世纪，德国发明了制造平面玻璃的技术：先把玻璃吹成球状，然后造成圆筒型，在玻璃仍热时切开，然后摊平。这种技术在十三世纪的威尼斯得到了进一步改良发展，到了十四世纪威尼斯已经成为了欧洲的玻璃制造中心，很多用玻璃造成的餐具、器皿等都是在威尼斯制作出来的。所以后来欧洲的很多玻璃工匠都学习继承了威尼斯的玻璃制造技术。

有时工匠们会用酸或其他腐蚀物在玻璃上料刻上艺术图案，传统的造法是在吹或铸玻璃的时候由工匠刻作。后来在1920年发明了可以在模具上加上雕刻的办法，还可以制作出不同颜色的玻璃，于是在1930年以后，大量生产的廉价玻璃器具逐渐出现。

中国在西周时也已开始制造玻璃。在西周时期的古墓中曾发现过玻璃管、玻璃珠等物品。南北朝以前，多将用火烧成的玻璃质透明物称为琉璃，宋时则开始称之为玻璃。到明清时，又习惯以琉璃称呼那些用低温烧成的不透明的陶瓷，所以当时的很多“琉璃”在严格意义上来说并不等同于现代我们所说的“玻璃”。

◆ 漆　器

在中国，漆的使用已经有近万年的历史。1978年在浙江余姚河姆渡文化遗址中发现了朱漆木碗和朱漆筒，经过化学方法和光谱分析，其涂料为天然漆。根据这个资

料，我们可以推知大约在七千多年以前，我们的祖先就已经能制造漆器了。夏代之后，漆器品种日益增多，而到战国时期，漆器业独领风骚，并开始了长达五个世纪的空前繁荣时代。战国时漆器的生产已经具有很大的规模，国家将其列为一项重要的经济收入，并设专人管理。据记载，庄子年轻时还曾经做过管理漆业的小官。漆器生产工序复杂，耗工耗时，品种繁多，不仅用于装饰家具、器皿、文具和艺术品，而且还应用于乐器、丧葬用具、兵器等，在一定程度上取代了青铜器。当时的漆器虽然很昂贵，但它光亮洁净、易洗、体轻、隔热、耐腐，并嵌饰彩绘，美观实用，受到大众的喜爱。在湖北曾侯乙墓曾出土220多件漆器，这些漆器是楚墓中年代最早也是最为精彩的物件，品类全，器型大，风格古朴，充分体现出了楚文化的神韵。

漆器圆盒

汉代是漆器发展的鼎盛期，这个时期的漆器以黑红为主色，在原有的漆器品种上又增加了盒、盘、匣案、耳环、碟碗、筐、箱、尺、唾壶、面罩、棋盘、凳子、危、几等漆器品种，还开创了新的工艺技法，如多彩、针刻、铜扣、贴金片、玳瑁片、镶嵌、堆漆等。漆器的图案会根据不同的器物使用不同的表现手段，或以粗率简练的线条或用繁缛复杂的构图进行表现，可

以增强人或动物的动感与力度。黑红互置的色彩可以产生光亮、优美的特殊效果，在红与黑交织的画面上，形成了富有音乐感的瑰丽的艺术风格。

到了明清两代，中国漆器发展到了全盛时期。漆工艺与建筑、家具、陈设相结合，并由实用逐渐转向陈设装饰领域，进入了以斑斓、复饰、填嵌、纹间等技法为基本工艺的千变万化的新时代。明代雕漆，初以嘉兴（今浙江省嘉兴市）西塘张成、杨茂为榜样，由张成的儿子张德刚与包亮主持内廷果园厂官办漆作的生产。成化、弘治年间内廷雕漆，器胎变薄，花纹疏朗，标志着西塘派雕漆已进入尾声。云南大理虽同样也是一处雕漆产地，但是漆工现仅知有王松一人。至嘉靖年间，云南雕漆始进入内廷，取代了西塘派，改变了内廷雕漆的风格。其特点是刀不藏锋、棱不磨熟。明末清初雕漆艺术曾一度失传，直至乾隆四年由雕竹名匠封歧刻样，苏州织造漆作仿制成功，宫廷用雕漆也大多由苏州制作。扬州雕漆有螺钿、百宝嵌等品种，所制漆器花纹纤细且五彩缤纷，名工有王国琛、卢映之、夏漆工等，其中夏漆工尤善制仿古剔红漆器。可惜的是，苏、扬两地漆作皆毁于清廷镇压太平天国革命之战中。清代，除宫廷设有漆器工场外，民间漆器也普遍发展。福州以脱胎漆器为主，色泽华美，器体轻巧，著名匠师有沈绍安。广东以描金漆器、螺钿漆器为主。阳江漆器多实用器物，以牛皮作胎，质轻、耐潮、防水、坚固耐用。北京以雕漆为主。贵州大方漆器以马皮作胎，彩色填漆，独具风格。四川漆器以研磨彩绘著名。

清代漆器

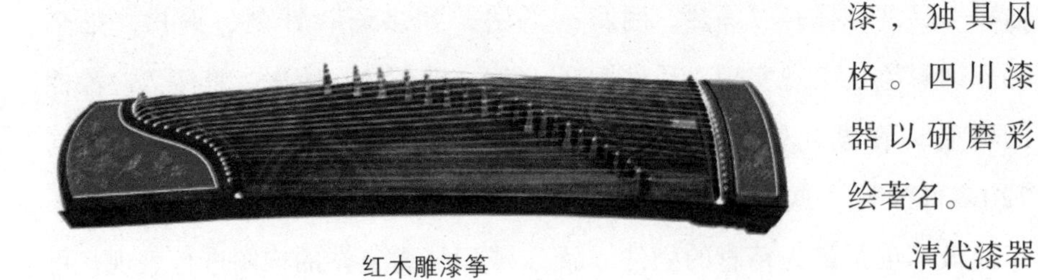
红木雕漆筝

的髹饰技法也丰富多彩，有罩漆、描漆、描金、堆漆、雕填、脱胎、螺钿、百宝嵌、戗金、犀皮、雕漆、泥金（满涂金漆，或与彩漆结合）等。中国的少数民族也善于制作漆器，如彝族、傣族、高山族制成的高脚盘、木勺、酒具、皮甲、皮盾、弓箭壶、马鞍等，一般用黄、红、黑等几种色漆，描绘几何图案，色彩对比强烈，风格粗犷，体现出热情洋溢的少数民族风情。

文化用品

中华五千年灿烂的历史文明，皆因有了特殊的媒介才得以传承下来，正是因为各种各样文化用品的发明，才使得文明代代相传，为后世文明文化的发展奠定了坚实的基础。

◆文　字

甲骨文是我们目前所发现的最早的中国文字，是殷商时代人们刻在龟甲或兽骨上面的文字，主要用来卜断吉凶。占卜的过程是先用火烧灼龟甲，龟甲上便会出现裂痕，商代的人们便根据这些裂痕来卜算

夏朝甲骨

吉凶，并将卜问的事情和结果记刻在龟甲上，而这些刻在龟甲或兽骨上的文字便称为甲骨文。

从商代后期开始流行在青铜器上铸铭文的风气，这种风气到周代时达到了顶峰。先秦称铜为金，所以后人又把古代铜器上的文字叫做金文，也称钟鼎文。

篆，原本是小篆、大篆的合称，但因为人们习惯上把籀文称为大篆，故后人常用篆文专指小篆。小篆又称秦篆，是由大篆省略衍变而成的一种字体，产生于战国后期的秦国，通行于秦代和西汉前期。但到了汉代，隶书取代了小篆，成为当时的主要字体，中国文字发展历史从此脱离古文字阶段而进入到隶楷阶段。汉代人为了使书写变得简洁方便，在隶书的基础上发展出一种结构简省，笔划连绵的字体，称为“草书”。草书虽然书写方便，但是因为形体潦草不羁，有时候很难辨认，所以并不用于官方场合。进入东汉后，经过文人、书法家的加工，草书有了比较规整、严格的形体，可以用在一些官方场合，人们称之为“章草”。在楷书产生后，草书在楷书的基础上又得到了进一步发展，不但笔划之间可以勾连，上下之间还可以连写，隶书笔划的某些特征也消失了，形成了另一种类型的草书，称之为今草。

《值雨帖》行书

行书是介于楷书和草书之间的一种字体，它不像楷书那么工整，也不像草书那么奔放。如果说楷书像人坐，草书像人跑，那么行书就像人的

行走。因为行书比楷书随便些，可以写得快，但又不像草书那样潦草得让人看不懂，所以深受人们的青睐。行书大概在魏晋时代就开始在民间流行了，被称为书圣的东晋大书法家王羲之，创作了大量的行书作品，长期以来倍受人们的追捧。

楷书在字体结构方面，与隶书差不多，但楷书将隶书笔划的写法改变了，且外形由扁形的隶书改为基本上呈现方形的楷书，即我们所谓的方块字。楷书也称为正书、真书，说明了楷书是人们学习和运用的正规字体。最早的楷书书法家是东汉末年的钟繇，在他流传下来的作品中，还多少残留着隶书的笔意。楷书在魏晋南北朝时期又经历了不少变化，到了隋唐之后才基本定型。定型后的楷书笔划、结构都相当精致、严谨。

中国文字进入楷书阶段后，字形还在继续简化，但字体就没有太大的变化了。作为我国四大发明之一的印刷术，就是以楷书作为印书的主要字体。在宋朝刻印的书籍中，楷书被美术化，写得更加规矩而漂亮，称为“宋体字”。后来还出现了一种模仿宋体字而加以变化的字体，叫做仿宋体。我们今天阅读的书籍、报刊上所用的字体，大致上都是这种风格的楷书变体。

三十三、叠趯(tì)者，当或挑或驻。 竖勾并列的字，须有的出锋，有的驻锋（写作垂露）。	三十四、上下勾趯(tì)者，下勾明而上勾暗。 竖勾上下重复的字，下勾要出锋，上勾要隐含。	三十五、俯仰勾挑者，俯勾缩而仰勾伸。 上下勾挑相对的字，俯勾要收紧，仰勾须伸展。	三十六、上占地步者，听其上宽。 上宽下窄的字，任其上部宽阔。
林	歌	冠	香
焚	哥	究	贤

楷书结构字帖

汉字字库

据有关统计资料显示，目前中国汉字的总数已经超过了8万，而常用的只有3500字。虽然常用字的数量没有多少变化，但字库总量却变大了，这是为什么呢？关于中国汉字总量到底是多少，大家一直都没有一个统一的说法。有“总汇汉字之大成”之誉的《康熙字典》，在其书后还附有《补遗》，“尽收冷僻字，再附《备考》，又有音无义或音义全无之字”，共收录汉字4万多个。1994年出版的《中华字海》中收入了87 019个汉字，而已经通过专家鉴定的北京国安咨询设备公司的汉字字库，收入有出处的汉字91 251个，据称是目前全国最全的字库。

与庞大的汉字库形成鲜明对照的是，历代日常书面语常用的不同的汉字，数量一般都控制在三四千个。数量上并没有超过最初的文字甲骨文。国家在1988年公布的《现代汉语常用字表》选收了2500个常用字、1000个次常用字，总共只有3500字。

国家语言文字工作委员会语言文字应用研究所前副所长纪恒铨认为，一个国家的文字总量有增有减，但基本字的数量则比较固定。汉字有很多，可以分作很多层面。中国常用汉字有2500多个，只要掌握了它们，就可以熟练阅读现代汉语书面语了。《毛泽东选集》5卷本，使用的不同汉字也不超过2000多个。小学语文大纲规定学生应该认识3000个

汉字，如果掌握了1800多个汉字，也就可以脱盲了。文字是历史文化的载体，传达着一定的信息，不同社会阶段文字适用特点也不同。随着社会发展，一些文字就被逐渐淘汰了。从现代汉语角度来讲，人们传情达意需要更简便的方式，“4万甚至9万多汉字，恐怕许多人一辈子也记不完。汉字中的生僻字很多，即使自己记住了，如果交流时对方不懂，还是没用。”许多生僻字就是这样逐渐被淘汰出常用字的。

随着社会的发展，为了表现出新的事物，语言也在不断发展，9万汉字的背后是社会生活的不断进步。由于中国文字深厚的历史积淀，这些字就构成了汉字库的主体，主要体现在包括国家编撰的《说文解字》《康熙字典》《汉语大字典》《中华字海》等字典里。在语言文字本身的发展过程中，还不可避免地出现了大批的异体字和不规范字，就像孔乙已曾经坚持“茴”字有四种写法一样，汉字中的异体字是汉字家族日益壮大的一个重要原因。在20世纪50年代，国家曾经做过一个异体字整理表，然而工作还未结束，由于汉语拼音化方案的提出，这项工作并没有进行到底。

据中国社会科学院语言研究所研究员、曾参与了《新华字典》和《现代汉语词典》编纂工作的刘庆隆先生介绍，做这样一个大的字库收集整理工作，不但可以备查备用，还可供国内两岸四地及国外进行汉字文本印刷、古籍整理和研究使用，而且为人名名录及证件制作、中国地图地名标注提供了水平很高的字库工具。20世纪90年代初，国家制作过一个包含20 902个汉字的国家标准字库表。但在使用过程中，人们发现这个字表还远远不够使用，所以目前对其的补充工作还在开展中。

刘庆隆认为整理汉字库的原因有三，一是为适应国际上要求建立国际字标的需要、做成一个国际通用的字库以方便国际文字的交流；二是为适应计算机输入法的发展、扩大计算机字库的需要；第三个原因是汉

字发展过程中的字体变形使得一些字看起来已经不像汉字了，所以需要整理以便统一。

◆ 书　籍

书籍的历史和文字、语言、文学、艺术、技术和科学的发展之间有着紧密的联系。它最早可追溯到在石、木、陶器、青铜、棕榈树叶、骨、白桦树皮等物上的铭刻，而人们将纸莎草用于写字也对书籍的发展起到了巨大的推动作用。约公元前30世纪埃及纸草书卷的出现，是最早的埃及书籍雏形。纸草书卷与苏美尔、巴比伦、亚述和赫梯人的泥版书相比，更接近现代书籍的概念。

纸莎草

中国最早的正式书籍，是约在公元前8世纪前后出现的简策。西晋杜预在《春秋经传集解序》中说："大事书之于策，小事简牍而已。"在纸被发明以前，这种用竹木做书写材料的"简策"（或"简牍"）就是中国书籍的主要形式。人们把竹木削制成的狭长竹片或木片统称为简，稍宽的长方形木片叫"方"。若干简编缀在一起叫"策"（册），又称"简策"。人们还将编缀用的皮条或绳子叫做"编"，比如中国古代很多典籍如《尚书》《诗经》《春秋左氏传》《国语》《史记》以及西晋时期出土的《竹书纪年》、近年在山东临沂出土的《孙子兵法》等书，都是用竹木书写而成的。

后来，人们使用缣帛来进行书写，称为帛书。《墨子》中也有

"书于帛，镂于金石"的记载。帛书是用叫"缯"或"缣"的特制丝织品书写而成的，故"帛书"又称"缣书"。公元前2世纪时，中国已出现了用植物纤维制成的纸，如1957年在西安出土的灞桥纸。东汉蔡伦总结了前人的经验，并在原有基础上加以改进制成蔡侯纸（公元105年），之后纸张便成为书籍的主要材料，纸的卷轴逐渐代替了竹木书和帛书（缣书）。

中国是世界上最早发明并实际运用木刻印刷术的国家。公元7世纪初期，中国已经使用了雕刻木版来印刷书籍。在印刷术发明以前，中国书籍的形式主要是卷轴。公元10世纪时，中国出现了册叶形式的书籍，并且逐步代替了卷轴，成为后来世界各国书籍的共同形式。公元11世纪40年代时，中国活字印刷术出现并逐渐向世界各国传播，东到朝鲜、日本，南到东南亚各国，西经中东到达欧洲各国，促进了书籍的生产和人类文化的交流与发展，加快了书籍的生产进程，为欧洲国家所普遍采用。公元14世纪，中国发明套版彩印。15世纪中叶，德国人J.谷登堡发明了金属活字印刷。公元15～18世纪初，中国相继编纂、缮写和出版了卷帙浩繁的百科全书性质和丛书性质的出版物——《永乐大典》《古今图书集成》《四库全书》等。18世纪末，造纸机器的发明推动了纸的生产，并为印刷技术的机械化创造了良好的条件。同时，印制插图的平版印刷的出现也为胶版印刷奠定了基础。19世纪初，快速圆筒平台印刷机的出现，以及其他印刷机器的发明，大大提高印刷能力，适应了

卷 轴

社会政治、经济、文化对书籍生产的不断增长的要求。

书籍的功能和作用主要体现在了书籍的产生和发展过程上。在逐步得到轻便、耐久，易于记载、复制文字和图画材料的基础上，书籍通过使用不断完善的技术手段，不受时间、空间的限制，帮助人们传递着信息，具有宣告、阐述、贮存与传播思想文化的功能，是人类进步和文明的重要标志之一。进入21世纪，书籍已日渐成为传播知识、科学技术和保存文化的主要工具。随着科学技术日新月异的发展，除书籍、报刊外，其他传播知识信息的工具也逐渐产生和发展起来。但在当代，无论是中国还是其他国家，书籍的作用仍然是其他传播工具或手段所无法替代的，它仍然是促进社会政治、经济、文化发展中必不可少的重要的传播工具。

书籍的释义

在狭义的理解上，书籍是带有文字和图像的纸张的集合；而广义上的书籍则是一切传播信息的媒体。不过也有些人认为图书一词其实是“河图”与“洛书”的简称。其实书籍在历史上，不仅仅是指书的意思，还有其他解释：

一、校定简册。如《后汉书·马融传》中说：“职在书籍，谨依旧文，重述蒐狩之义，作颂一篇。”

二、泛指一般图书。《三国志·魏志·王粲传》：“［蔡邕］闻粲在门，倒屣迎之。粲至，年既幼弱，容状短小，一坐尽惊。邕曰：‘此

王公孙也，有异才，吾不如也。吾家书籍文章，尽当与之。’”宋苏轼《论高丽进奉状》中也说：“使者所至，图画山川，购买书籍。”清王士禛《池北偶谈·谈异六·焦桂花》：“曹升六舍人，曾於内库检视书籍。”冰心在《超人》中写道：“他略略的点一点头，便回身去收拾他的书籍。”

三、登记户籍。《南齐书·虞玩之传》：“孝建元年书籍，众巧之所始也。”

四、书于简册，谓有记载。唐白居易《与杨虞卿书》中：“仆以为书籍以来，未有此事。”

五、文书，诏命典策等。宋苏轼《万石君罗文传》：“中书舍人罗文，久典书籍，助成文治，厥功茂焉。”

◆ 毛　笔

毛笔是一种源于中国的传统书写工具，被列为中国文房四宝之一。毛笔是以兽毛制成的笔，初用兔毛，后亦用羊、鼬、狼、鸡等动物毛；笔管以竹或其他质料制成；头圆而尖，用于传统的书写和图画。

毛笔的制造历史非常久远，早在战国时期，毛笔的使用已相当地发达。甚至相传毛笔是秦代大将蒙恬创造出来的。晋人张华的《博物志》上就有“蒙恬造笔”的记载，南朝周

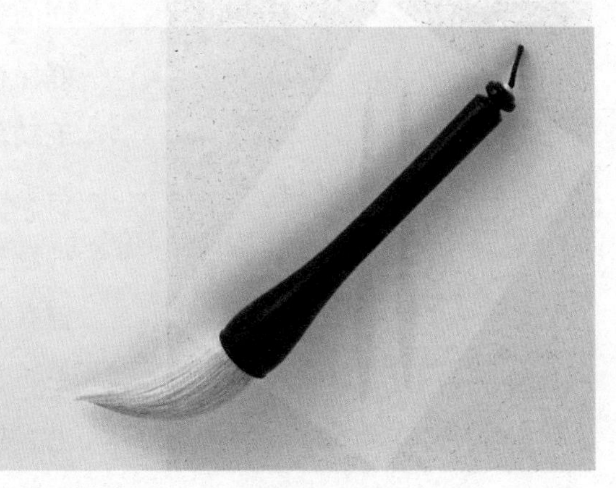

毛　笔

兴嗣《千字文》中也有“恬笔伦纸”之说，都把蒙恬作为制造毛笔的始祖。传说蒙氏选用兔毫、竹管制笔，制笔方法是将笔杆一头镂空成毛腔，笔头毛塞在腔内，毛笔外加保护性大竹套，竹套中部两侧镂空，以便于取笔。

东周的竹木简、缣帛上已广泛使用毛笔来书写。汉代时毛笔进入了一个新的发展阶段：一是开创了在笔杆上刻字、镶饰的装潢工艺；二是出现了专论毛笔制作的著述；三是出现了“簪白笔”的特殊形式。汉代官员为了奏事之便，常把毛笔的尾部削尖，插在头发里或帽子上，以备随时取用，祭祀者也常在头上簪笔以表示恭敬。至元代、明代时，浙江湖州涌现出一大批制笔能手，如冯应科、陆文宝、张天锡等，以山羊毛制作羊毫笔风行于世，世称“湖笔”。自清代以来，湖州一直是中国毛笔制作的中心。与此同时，其他地方也有不少名牌毛笔陆续出现，其中以上海李鼎和毛笔、安徽六安一品斋毛笔等较为有名。

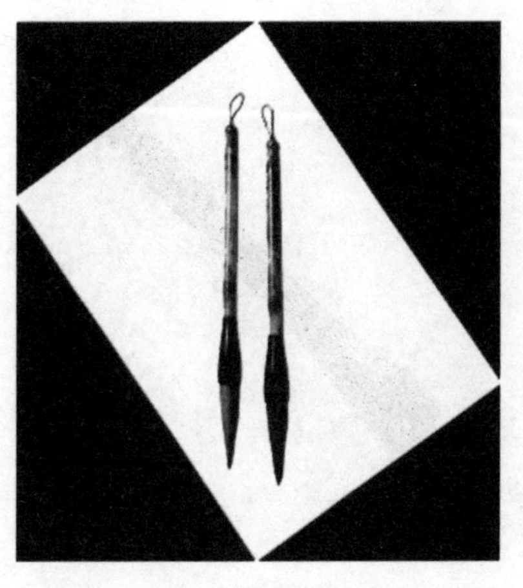

翡翠毛笔

在世界各地林林总总的笔类制品中，毛笔可算得上是中国独有的品类了。传统的毛笔不但是古人必备的文房用具，而且在表达中华书法、绘画的特殊韵味上具有与众不同的魅力。不过由于毛笔易损，不好保存，故留传至今的古笔实属凤毛麟角。中国的书法和绘画，都是与毛笔的使用分不开的。古笔的品种较多，从笔毫的原料上来分，就曾有兔毛、白羊毛、青羊毛、黄羊毛、羊须、马毛、鹿毛、麝毛、獾毛、狸毛、貂鼠毛、鼠须、鼠尾、虎毛、狼尾、狐毛、獭毛、猩猩

毛、鹅毛、鸭毛、鸡毛、雉毛、猪毛、胎发、人须、茅草等；从性能上分，则有硬毫、软毫、兼毫；从笔管的质地来分，又有水竹、鸡毛竹、斑竹、棕竹、紫擅木、鸡翅木、檀香木、楠木、花梨木、况香木、雕漆、绿沉漆、螺细、象牙、犀角、牛角、麟角、玳瑁、玉、水晶、琉璃、金、银、瓷等，不少属珍贵的材料；从笔的用途来分，有山水笔、花卉笔、叶筋笔、人物笔、衣纹笔、设骨笔、彩色笔等。

◆ 墨

墨也是文房四宝之一，是书写、绘画的黑色颜料，后来也包括朱墨和各种彩色墨。墨的主要原料是烟料、胶以及中药等，通过砚用水研磨可以产生用于毛笔书写的墨水。墨色给人的印象似稍显单调，但却是古代书写中必不可少的用品。借助于这种独创的材料，中国书画奇幻美妙的艺术意境才能得以实现。作为一种消耗品，墨能完好如初地呈现于今天，自然十分珍贵。

在人工制墨发明之前，人们一般利用天然墨或半天然墨作为书写材料。墨的发明大约要晚于笔。在我国，考古学家在约公元前50世纪的彩陶和约公元前14世纪的卜辞甲骨上发现有黑色的纹饰和文字，认为可将此视为墨的痕迹。原始墨的黑色颜料直接取之于自然物质，如雷炙、燃烧后的有机物炭质、烟炱、动植物分泌物（墨鱼汁、氧化的漆树脂），以及色土和有色矿石（煤、石墨）等。1980年陕西临潼姜寨村仰韶文

石　墨

化墓葬出土了一套完整的绘画工具，其中的黑红色矿石须用研石压住，在砚上兑水研磨后才能当颜料使用，应该是墨的一种雏形。

早期墨的色素原料为松烟，是松树枝干和根熏炼后得到的黑色烟炱；连接原料为鹿胶、麋胶等动物胶。原料拌和后用手捏制成瓜籽形、螺形或丸形，使用时还需用研石压住在砚上研磨。秦、汉时期（公元前221—公元220年）制墨集中在隃麋、延州、扶风（今陕西千阳、延安、凤翔）等地，其中以隃麋产墨最为著名，后世常以隃麋作墨的别称。汉代出现了以制墨传世的人物——田真，宫廷中也设置了专门掌管纸、墨、笔等物的官员。东汉时墨形逐步发展成用手抟搕坯料做成馒头形和两头细、中间粗的“握子”，可以直接拿墨在砚上研磨。以后，研石逐渐消失。东汉许慎著《说文解字》释“墨”为“书墨也，从土黑”。三国时魏国（公元220—265年）书法家韦诞在制墨原料中加入珍珠和麝香一类添加材料，使墨的色泽和光泽持久，具有“一点如漆”的效果。北魏贾思勰著《齐民要术》中的《合墨法》第一次系统地记载和分析了制墨工艺。

汉末到唐代中期，制墨区域逐渐移向易水、上党、潞州（今河北易县、山西长治等地）一带。唐末，墨工李庭珪利用黄山优质松树资源，又改进了捣松（加工松烟）、和胶（松烟与胶的配比和拌和）工艺，在添加原料中增添了玉屑、龙脑、生漆以及藤黄、犀角、真珠、巴豆等十二物，从原料拌和到制墨成型要经过反复锤敲达“十万杵”之多，使烟料和胶原料细腻均匀，工艺十分精湛。李庭珪墨色泽光艳，质地细腻。李墨的出现，是中国制墨工艺趋向成熟的标志。至迟在南唐以前，制墨已由徒手成型转变为模具成型，墨的内在质地变得更加坚实细腻，墨的形态也发生了根本的变化，墨体厚薄均匀规正，棱线挺直，轮廓形制和表面纹饰渐渐丰富起来。

宋代的制墨手工艺进入了成熟阶段。河北、河南、山西、山东、安徽、四川等地均有制墨，涌现诸多制墨名家，其中以安徽黄山一带制墨最为兴盛。继李墨工艺之后形成了体系更完整的徽墨工艺。此时，制墨原料方面也出现了重大突破，以桐油炼制的油烟取代了松烟成为制墨的主要色素原料。桐油烟墨在黑度、光泽、渗透、层次、耐水性和墨色稳定等方面，都明显优于松烟墨。1978年安徽祁门北宋墓葬出土“文府（大府）”墨一锭，虽然已在水中浸泡了800多年，但质地和外形都没有明显变化。宋代文人涉足制墨，陆续出现了许多关于墨的专著，如苏易简著《文房四谱·墨谱》、晁说之著《墨经》、李孝美著《墨谱》、何薳著《春渚纪闻·墨记》。宋代成熟的制墨工艺和理论一直在制墨手工业中广为流传。

徽　墨

明代，制墨作坊替代了原来一家一户的生产方式，墨进入了商品化阶段。这个时期最为著名的制墨名家有程君房和方于鲁。程君房在全面研探各家制墨工艺的基础上有许多创新，形成了自己独特的风格。所制的墨坚实细腻，黝黑滋润，墨色深沉，光彩持久；不仅质地优良，而且款式图案丰富精致，集中了明代徽墨的精湛工艺。传世的程君房墨仍完好如新，光泽湛然。程君房编刊的《程氏墨苑》和方于鲁编刊的《方氏墨谱》，完整地保存了两家各自墨品的图录，共近千种，是研究墨锭形制的重要史料，也是明代徽派版画艺术的优秀作品。

明嘉靖、万历（1522—1620年）和清康熙、乾隆时期（1662—1795年）是制墨的全盛时期。墨在数量、质量、工艺技术、装饰艺术等方面都达到了前所未有的高度。随着墨的内在质地日臻完善，制墨手工业的探索和竞争内容集中到了墨的装饰形式上。形制款式有长、方、圆、扇、方柱、圆柱、棱柱、杂珮、不规则形等等，题材层出不穷，图样纹饰趋向精美绚丽。休宁派著名墨家汪中山将装饰性名品汇集成了成套的“集锦墨”，把墨的艺术欣赏价值推向了新的层次。墨的造型综合了绘画、书法、诗文、雕刻艺术和工艺技巧等，墨由单纯的书画工具跨入了工艺美术品的领域。

清乾隆 集锦墨（五锭）

清代徽州制墨业中最有声望的有曹素功、汪近圣、汪节庵、胡开文，人们将他们称为“徽墨四大家”。曹氏徽墨1914年参加了东京博览会并获金质奖章，胡开文的超顶漆烟徽墨在1915年也获得了巴拿马国际博览会金质奖章。清末，谢嵩岱、谢嵩梁借鉴了传统制墨的配方和工艺，创制出液体墨汁，并在北平开设专营墨汁的作坊“一得

阁”。液体墨汁虽然不能完全取代块墨，但取用方便，是中国传统书画用品的一次革新。

除中国之外，公元前13世纪埃及人也已经使用炭质和植物胶制成墨，公元前11世纪这种墨还曾传到西亚地区。古希腊和古罗马时期，也有用诸如炭化的象牙、骨类、油类和矿石等制成的固态墨。但遗憾的是，古埃及、古希腊和古罗马的墨并没有被保存下来。

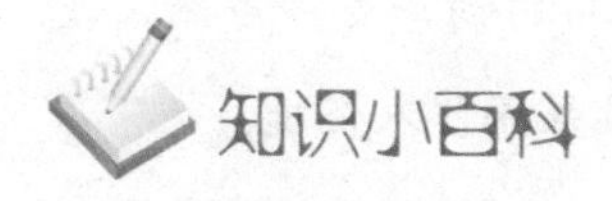

墨的用法

书法中，笔法与墨法互为依存，相得益彰，正所谓“墨法之少，全从笔出”。如何用墨直接影响到作品的神采。历代书法家无不深入探究墨法，清代包世臣在《艺舟双楫》中说：“书法字法，本寸笔，成于墨，则墨法尤书芝一大关键已。”明代文人画风浓厚，将国画的墨法融进书法中，增添了书法作品的笔情墨趣。

浓墨是最主要的一种墨法。墨色浓黑，书写时行笔实而沉，墨不浮，能入纸，具有凝重沉稳、神采外耀的效果。古代大书法家颜真卿、苏轼都喜用浓墨。苏东坡对用墨的要求是：“光清不浮，湛湛然如小儿一睛，”认为用墨光而不黑，失掉了墨的作用；黑而不光则“索然无神气”。细观苏轼的墨迹，有浓墨淋漓的艺术效果。清代刘墉用墨也相当浓重，书风貌丰骨劲，有“浓墨宰相”之称。

与浓墨相反的便是淡墨。淡墨介于黑白色之间，呈灰色调，给人以清远淡雅的美感。清代的上文治被誉为“淡墨探花”，作品疏秀占淡。

其实，浓淡墨各有风韵，关键在于掌握，用墨过淡则伤神采；太浓则刚弊于无锋。正如清代周星莲所说：“用墨之法，浓欲其活，淡欲其华活与华，非墨宽不可。不善用墨者，浓则易枯，淡则近薄，不数年间，已奄奄无生气矣。

书法的墨法表现技巧十分丰富，用水是表现墨法的关键。《画谭》说：“墨法在用水，以墨为形，水为气，气行，形乃活矣。占入水墨并称，实有至理。”另外，用墨的技巧还与笔法的提按轻重，纸质的优劣密切相关。一幅书法作品的墨色变化，会增强作品的韵律美。当然，墨法的运用贵在自然，切不可盲目为追求某种墨法效果而堕入俗境。

古人论画时讲用墨有四个要素：一是“活”，落笔爽利，讲究墨色滋润自然；二是“鲜”，墨色要灵秀焕发、清新可人；三是“变幻”，虚实结合，变化多样；四是“笔墨一致”，笔墨相互映发，调和一致。这几个要素对书法的用墨也有一定的启迪作用。

磨墨的方法是要用清水，若水中混有杂质，磨出来的墨就不纯了。至于加水，最先不宜过多，以免将墨浸软，或墨汁四溅，以逐渐加入为宜。磨墨要用力平均，慢慢地磨研，磨到墨汁浓稠为止。用墨要现用现磨，磨好了而时间放得太久的墨称为宿墨，宿墨一般是不可用的。但也有个别画家喜用宿墨作画。

◆ 纸

纸是我国古代四大发明之一，与指南针、火药、印刷术一起，为我国古代文化的繁荣提供了物质技术基础。纸的发明结束了古代简牍繁复的历史，大大地促进了文化的传播与发展。纸，是用以书写、印刷、绘画或包装等的片状纤维制品。宋苏易简《纸谱》：“蜀人以麻，闽人以嫩竹，北人以桑皮，剡

纸

溪以藤，海人以苔，浙人以麦面稻秆，吴人以茧，楚人以楮为纸。”造纸。旧时造纸多为人工制造，先取植物类纤维质的柔韧部分，煮沸捣烂，和成粘液，匀制漉筐，使结薄膜，稍干，用重物压之即成；今天所用的纸，则多为机器制造。

造纸术对促进世界文明的发展有着极其重要的作用。早在西汉初即已有用于书写的麻纸。至晋代（4世纪）时，纸已取代帛简成为主要的书写材料。唐代人在前代染黄纸的基础上，又在纸上均匀涂蜡，使纸具有光泽莹润、艳美的优点，人称硬黄纸。五代时造纸业仍继续发展，歙州制造的澄心堂纸，直到北宋时期一直被公认为是最好的纸。到了明清，造纸业又兴旺起来，人们也对其进行了创新。各种笺纸再次盛行起来，在质地上推崇白纸地和淡雅的色纸地，色以鲜明静穆为主，如康熙、乾隆时期的粉蜡纸，印花图绘染色花纸等。到了清代，纸的制作工艺已到了完美绝伦的地步。

发展到如今，纸的品种更是日益多样而细致。纸的品种很多，分类方法也不一致。习惯的分类方法有以下三种：

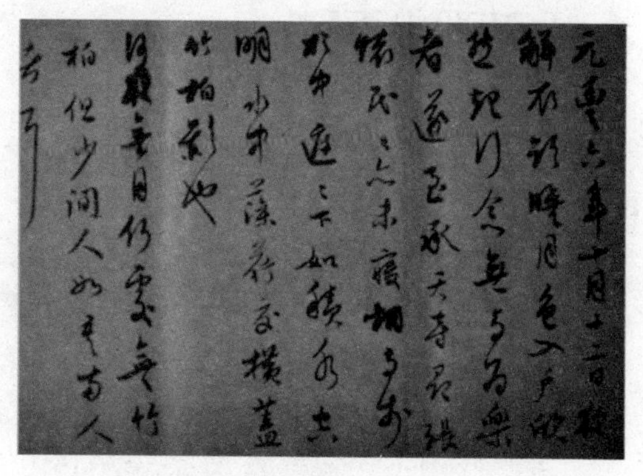

澄心堂纸

（1）按生产方式分为手工纸

和机制纸。手工纸以手工操作为主，利用帘网框架、人工逐张捞制而成。质地松软，吸水力强，适合于水墨书写、绘画和印刷用，如中国的宣纸。其产量在现代纸的总产量中所占的比重很小。而机制纸是指以机械化方式生产的纸张的总称，如印刷纸、包装纸等。

（2）按纸张的厚薄和重量分为纸和纸板。两者之间没有严格的区分界限。一般将每平方米重200克以下的称为纸，200克以上的称为纸板。纸板占纸总产量的40%～50%左右，主要用于商品包装，如箱纸板、包装用纸板等。国际上通常对纸和纸板进行分别统计。

（3）按用途分为：新闻纸，一种主要供新闻出版用的特种印刷纸，由于所占比重较大，习惯上单列一类；印刷纸，供印刷及书写用并包括绘画和制图用纸；包装纸；技术用纸（工农业技术用纸）；生活卫生用纸；加工原纸，供进一步制造加工纸用；纸板；加工纸等。

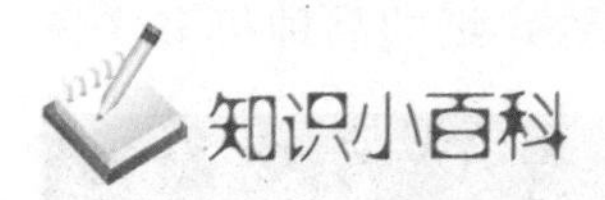

印刷纸的生产过程

一般可将印刷纸的生产分为制浆和造纸两个基本过程。制浆就是用机械的方法、化学的方法或者两者相结合的方法把植物纤维原料离解变成本色纸浆或漂白纸浆。造纸则是把悬浮在水中的纸浆纤维，经过各种加工手段结合成合乎各种要求的纸张。

造纸厂一般需贮存足够用4～6个月的原料，使原料在贮存中经过自然发酵，以利于制浆，同时保证纸厂的连续生产。经备料工段把芦苇、麦草和木材等原料切削成料片（供生产化学浆）或木断（供生产磨木

浆），再把小片原料放到蒸煮器内加化学药液，用蒸汽进行蒸煮，把原料煮成纸浆，或把木断送到磨木机上磨成纸浆，也可经过一定程度的蒸煮再磨成纸浆。然后用大量清水对纸浆进行洗涤，并通过筛选和净化把浆中的粗片、节子、石块及沙子等除去。再根据纸种的要求，用漂白剂把纸浆漂到所要求的白度，接着利用打浆设备进行打浆。然后在纸浆中加入改善纸张性能的填料、胶料、施胶剂等各种辅料，并再次进行净化和筛选，最后送上造纸机经过网部滤水、压榨脱水、烘缸干燥、压光卷取，并进行分切复卷或裁切生产出卷筒纸和平板纸。

除以上基本过程外，还包括一些辅助过程，如蒸煮液的制备、漂液的制备、胶料的熬制及蒸煮废液和废气中的化学药品与热能的回收等。

◆ 砚

砚也是文房四宝之一。砚的起源很早，据科学家推测大概在殷商初期，笔墨砚已开始初具雏形。刚开始时人们用笔直接蘸石墨写字，后来因为不方便，无法写大字，人们便想到了可先在如石玉、砖、铜、铁等坚硬东西上将石墨研磨成汁。殷商时青铜器已十分发达，且陶石随手可得，砚就随着墨的使用而逐渐成形。古时以石砚最普遍，经历多代考验直到现在仍以石质为最佳。可以作砚的石头

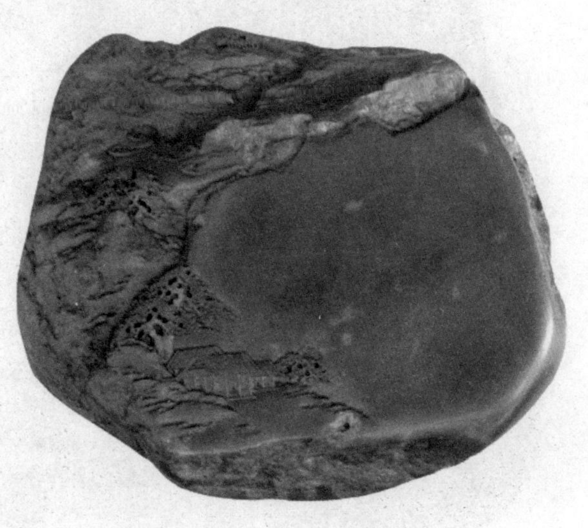

端　砚

极多，我国地大物博，到处是名山大川，自然有多种石头。产石之处，必然有石工，所以产砚的地方遍布全国各地。

汉代由于发明了人工制墨，墨可以直接在砚上研磨，故不需再借助磨杵或研石研天然或半天然墨了。如此看来，磨杵或研石经过史前及夏商周共三千多年的漫长跋涉，才逐渐消隐，尽管今天已不为所用，但其为传播文化立下的功绩仍不可没。

我国传统上有四大砚，即端砚、歙砚、洮砚、澄泥砚。端砚产于广东端州（肇庆市）东郊端溪，在唐代就极为出名，李贺有诗曰：“端州石工巧如神，踏天磨刀割紫云”，赞石工攀登高处凿取紫色岩石来制砚。端砚有“群砚之首”的美誉，石质细腻、坚实、幼嫩、滋润，摸之若婴儿之肤，温润如玉，磨之无声，发墨光润。但端砚资源缺乏，名贵者已不多；歙砚产于徽州，徽州是府治，歙县是县治，同

歙　砚

在一地。所以歙砚与徽墨乃是“文房四宝”中同产一地的姐妹。据《洞天清禄集》所说，歙砚的特点是“细润如玉，发墨如饥油，并无声，久用不退锋。或有隐隐白纹成山水、星斗、云月异象。”歙县地处黄山之阳，取材广泛，近年仍有镂刻工极细之艺术大砚出产；洮砚即洮河砚，所用石材产于甘肃临洮大河深水之底，取之极难；澄泥砚产于山西绛州，不是石砚，而是用绢袋沉到汾河里，一年后取出，袋里装满细泥沙，用来制砚。另有鲁砚，产于山东；盘谷砚，产于河南；罗纹砚，产于江西。一般来说，大凡石质细密，能保持湿润，磨墨无声，发墨光润的砚，都是较好的砚台。

◆ 印刷术

印刷术是中国古代四大发明之一。它开始于隋朝的雕版印刷，经宋时毕昇的发展、完善后，产生了活字印刷，并由蒙古人传至了欧洲，所以后人称毕昇为印刷术的始祖。中国的印刷术是人类近代文明的先导，为知识的广泛传播、交流创造了条件。印刷术先后曾传到过朝鲜、日本、中亚、西亚和欧洲。

印刷术发明之前，文化的传播主要靠手抄书籍。但手抄费时、费事，又容易抄错、抄漏。既阻碍了文化的发展速度，又给文化传播带来了不少损失。而印刷术的特点是方便灵活，省时省力，在经过雕版印刷和活字印刷两个阶段的发展之后，在人类社会的发展史上留下了浓墨重彩的一笔。

印章和石刻给印刷术提供了直接的经验性的启示。印章在先秦时就有，一般只有几个字，说明姓名、官职或机构。印文均刻成反体，有阴文、阳文之别。在纸没有出现之前，公文或书信都写在简牍上，写好之后，用绳扎好，在结扎处放粘性泥封结，将印章盖在泥上，称为泥封，这是当时保密的一种手段。纸张出现之后，泥封演变为纸封，在几张公文纸的接缝处或公文纸袋的封口处盖印。据记载，在北齐时（公元550—577年）有人把用于公文纸盖印的印章做得很大，很像一块小小的雕刻版。佛教徒为了使佛经更加生动，也常把佛像印在佛经的卷首，这种手工木印比手绘省事得多。

碑石拓印就是用纸在石碑上墨拓的方法，它直接为雕版印刷指明了方向。在今陕西凤翔发现了十个石鼓，它是公元前8世纪春秋时秦国的石刻。据说秦始皇出巡时，曾在重要的地方刻石7次。东汉以后，石碑盛行。汉灵帝四年（公元175年）蔡邕建议朝廷，在太学门前树立《诗经》《尚书》《周易》《礼记》《春秋》《公羊传》《论语》等七部儒家经典的石碑，共20.9万字，分刻于46块石碑上，每碑高175厘米、宽90厘米、厚20厘米，容字5000，碑的正反面皆刻字。历时8年，全部刻成，被当时的读书人奉为经典，很多人争相抄写。特别是魏晋六朝时，有人趁看管不严或无人看管时，便用纸将经文拓印下来，自用或出售，使其广为流传。拓片是印刷技术产生的重要条件之一。古人发现在石碑上盖一张微微湿润的纸，用软槌轻打，使纸陷入碑面文字凹下处，待纸干后再用布包上棉花，蘸上墨汁，在纸上轻轻拍打，纸面上就会留下黑底白字，是跟石碑一模一样的字迹。这样的方法比手抄简便、可靠。于是拓印就出现了。

除此之外，印染技术对雕版印刷也有很大的启示作用，印染是在木板上刻出花纹图案，

石　刻

用染料印在布上。中国的印花板有凸纹板和镂空板两种。1972年湖南长沙马王堆一号汉墓出土的两件印花纱就是用凸纹板印的。这种技术可能上溯至战国时期。纸发明以后，这种技术就应用于印刷方面，只要把布改成纸，把染料改成墨，印出来的东西就成为雕版印刷品了。在敦煌石窟中就有唐代凸板和镂空板纸印的佛像。

印 章

印章、拓印、印染技术三者相互启发，相互融合，再加上我国人民的经验和智慧，雕版印刷技术就应运而生了。

计量工具

◆ 古代计时器

人类最早使用的计时仪器有两种，一是用来测量日中时间、定四季和辨方位的圭表，二是用来测量时间的日晷。人们将二者统称为太阳钟。公元前1300—前1027年，中国殷商时期的甲骨文中已有使用圭表的记载。《诗经·国风·定之方中》篇中说："定之方中，作于楚宫。揆之以日，作于楚室……"。

确切记载了使用圭表的时间为公元前659年。圭表等太阳钟有个缺点是它们在阴天或夜间就会失去效用，为此人们又发明了漏壶和沙漏、油灯钟和蜡烛钟等计时仪器。

另外，中国古代应用机械原理设计的计时器主要有两大类，一类利用流体力学计时，有刻漏和后来出现的沙漏；一类采用机械传动结构计时，有浑天仪、水运仪象台等。

（1）圭 表

圭表是我国最古老的一种计时器，古代典籍《周礼》中就有关于使用土圭的记载，可见圭表的历史相当久远。圭表是利用太阳射影的长短来判断时间的。圭表中的“表”是一根垂直立在地面的标竿或石柱；“圭”是从表的脚跟上水平伸向北方的一条石板。每当太阳转到正南方向的时候，表影就落在圭面上。量出表影的长度，就可以推算出冬至、夏至等各节气的时刻。表影最长的时候，就说明冬至到了；表影最短的时候，则是夏至来临了。它是我国创制的最古老、人们最熟悉使用的一种天文仪器。

（2）刻 漏

刻漏的最早记载见于《周礼》。刻漏又称漏刻、漏壶。漏壶主要有泄水型和受水型两类。早期的刻漏多为泄水型，水从漏壶底部侧面流泄，格叉和关舌上升，使浮在漏壶水面上的漏箭随水面下降，由漏箭上的刻度指示时间。由于泄水型刻漏的计时精度有缺陷，后来人们又创造出受水型刻漏，使水从

圭 表

漏壶以恒定的流量注入受水壶，浮在受水壶水面上的漏箭随水面上升指示时间，提高了计时精度。

为了获得恒定的流量，首先应使漏壶的水位保持恒定。其次，向受水壶注水的水管截面面积必须固定，水管采用“渴乌”（虹吸）原理，便于调整和修理。有两种保持水位恒定或接近恒定的方法，二者均见于宋代杨甲著《六经图》（刊于1153年）中的“齐国风挈壶氏图”。图中“唐制吕才（约公元600—650年）定”刻漏是在漏壶上方加几个补偿壶，“今制燕肃（1030年）定”刻漏采用溢流法，深13厘米左右。多余的水由平水壶（下匮）通过竹注筒流入减水盎。燕肃创制的漏壶叫莲花漏，北宋时曾风行全国。

《全上古三代秦汉三国六朝文·全后汉文》中在桓谭（卒于公元56年）的文章里说刻漏度数因干、湿、冷、暖而异，在白天和夜间需要分别参照日晷和星宿核对。说明当时的人们已经认识到水温和空气湿度对刻漏计时精度的影响。

（3）沙 漏

因刻漏冬天水易结冰，故有改用流沙驱动的。在公元前1400年出现的漏壶（沙漏或者滴漏）是第一个摆脱天文现象的计时仪器。它工作原理是根据流沙从一个容器滴漏到另一个容器的数量来计量时间。《明史·天文志》载明初詹希元创造了“五轮沙漏”，通过流沙从漏斗形的沙池流到初轮边上的沙斗里，以此来驱动初轮，从而带动各级机械齿轮的依次旋转。最后一级齿轮带动在水平面上旋转的中轮，中轮的轴心上有一根指针，指针则在一个有刻线的仪器圆盘上转动，以此来显示时刻，这种古老的显示方法几乎与现代时钟的结构完全相同。后来周述学加大了流沙孔，以防堵塞，改用六个轮子。宋濂（1310—1381年）所著的《宋学士文集》中记载了沙漏结构，有零件尺寸和减速齿轮各轮齿数，并说第五轮的轴梢没有齿，而装有指示时间的测景盘。

（4）浑天仪

浑天仪是浑仪和浑象的总称，是我国东汉天文学家张衡所制的。浑仪是测量天体球面坐标的一种仪器，而浑象是古代用来演示天象的仪表。

浑天仪

古代文献中有汉武帝时（公元前140—前87年）洛下闳、鲜于妄人作浑天仪之说，但未提到它的结构。《晋书·天文志》记载东汉张衡（公元78—139年）制造浑天仪，说他在密室中用漏水驱动，仪器指示的星辰出没时间与天文观察的结果相符。《新唐书·天文志》对唐开元十三年（725年）僧一行和梁令瓒设计的浑天仪有较详细的记述。说仪器上分别装有日、月两个轮环，用水轮驱动浑象。浑象每天转一周，日环转1/365周，仪器还装有两个木偶，分别击鼓报刻，是一座上狭下广的木建筑。

（5）水运仪象台

水运仪象台是我国古代的一种大型天文仪器，它是由宋朝天文学家苏颂、韩公廉等人在开封设计制造的，它是集观测天象的浑仪、演示天象的浑象、计量时间的漏刻和报告时刻的机械装置于一体的综合性观测仪器，现在来看实际上是一座小型的天文台。宋元祐元年（公元1086年）开始设计，到元祐七年（1092年）全部完成。它是中国古代的卓越创造。其中的擒纵器是钟表的关键部件。因此，英国科学家李约瑟等人认为水运仪象台“可能是欧洲中世纪天文钟的直接祖先”。

整座仪器高约12米，宽约7米，是一座上狭下广、呈正方台形的木结构建筑。其中浑仪等为铜制。全台共分三隔，下隔包括报时装置和全台的动力机构等；中隔是间密室，放置浑象；上隔是个板屋，放置浑仪。这台仪器的制造水平堪称一绝，充分体现了我国古代人民的聪明才智和富于创造的精神。

水运仪象台有一套比较复杂的齿轮传动系统。在枢轮的上方和圆周旁有“天衡”装置，即擒纵机构，这是计时机械史上的一项重大创造，它把枢轮的连续旋转运动变为间歇旋转运动。国际上对水运仪象台的设计给予了高度的评价，认为浑象一昼夜自转一圈，不仅形象地演示了天象的变化，也是现代天文台的跟踪器械——转仪钟的祖先；水运仪象台中首创的擒纵器结构是后世钟表的关键部件，因此它又是钟表的祖先。

（6）大明灯漏

公元1276年，中国元代的郭守敬制成大明灯漏。它是利用水力驱动，通过齿轮系及相当复杂的凸轮机构，带动木偶进行“一刻鸣钟、二刻鼓、三钲、四铙”的一种自动报时装置。

◆ 古代度量衡

度量衡的发展大约始于父系氏族社会末期。传说黄帝“设五量”，“少昊同度量，调律吕”。度量衡单位最初都与人体相关：“布手知尺，布指知寸”“一手之盛谓之掬，两手谓之溢”。这时的度量单位有因人而异的弊病。《史

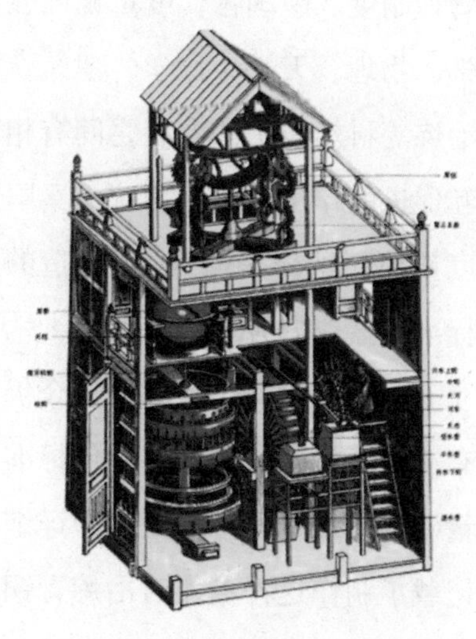

水运仪象台

记·夏本纪》中记载禹“身为度，称以出”，则表明当时已经以名人为标准进行单位的统一，出现了最早的法定单位。商代遗址出土的骨尺、牙尺，长度约合16厘米，与中等身材人的大拇指和食指伸开后的指端距离相当。尺上的分寸刻划采用十进位，它和青铜器一样，反映了当时的生产水平和技术水平。

春秋战国时期，群雄并立，各国度量衡大小不一。直到秦始皇统一全国后，推行“一法度衡石丈尺，车同轨，书同文字”，颁发统一度量衡诏书，制定了一套严格的管理制度。中国古代度量衡与数学、物理、天文、律学、建筑、冶炼等科学技术的发展之间有相互促进的作用。商鞅为统一秦国度量衡而于公元前344年制造的标准量器铜方升上刻有：“十六寸五分寸壹为升”，方升至今仍有遗存。战国时齐国有一件标准量器栗氏量，《考工记》中详细记载了制作这件量器时冶炼青铜和铸造的技术条件及所包括的各个量的尺寸、容量和重量。

（1）长度单位的规定

汉时尺长约合今23厘米；南朝太史令钱乐之依照当朝尺长（合今24.5厘米）更铸张衡浑天仪；隋文帝统一全国后，下令统一度量衡，用北朝大尺（长30厘米）作为官民日常用尺，用南朝小尺测日影以冬至和夏至；唐代僧一行测量子午线、宋代司天监的圭表尺、元代郭守敬造观星台所标的量天尺都采用隋唐小制。1975年，天文史家从明代制造的铜圭残件上发现当时量天尺的刻度，考定尺长24.525厘米，

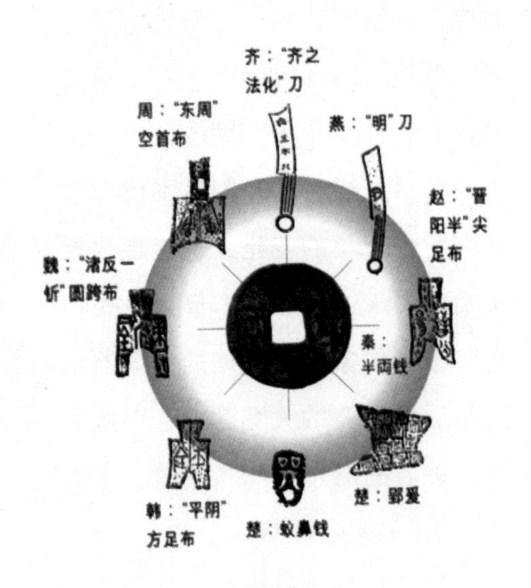

度量衡

与钱乐之浑天仪尺度相符。在1300多年间，量天尺尺值恒定不变，保证了天文测量的连续性和稳定性。而日常用尺的尺值，则趋向变大。

（2）重量单位的规定

春秋中晚期，楚国制有小型衡器：木衡、铜环权，用来称黄金货币。完整的一套环权共十枚，分别为一铢、二铢、三铢、六铢、十二铢、一两、二两、四两、八两、一斤。一铢重0.69克，一两重15.5克，一斤251.3克，十枚相加约500克，为楚制二斤。中国历史博物馆藏有一支战国时铜衡杆，正中有拱肩提纽和穿线孔，一面显出贯通上下的十等分刻线，全长为战国的一尺。形式既不同于天平衡杆，也不同于秤杆。可能是介于天平和杆秤之间的衡器。战国不仅广泛使用衡器，对杠杆原理也有透彻的认识。《墨经·经下》即有精辟论述。秦汉以后杆秤流行。

（3）中国古代度量衡制的内在联系

中国很早就以长度作为基本量，由它推导出容量和重量。因此，如何确定一个恒定不变的长度单位，成为历代人们探讨和争论的话题。《汉书·律历志》中说：度“起于黄钟之长，以子谷秬黍中者，一黍之广度之，九十分黄钟之长，一为一分”。即以固定音高的黄钟律管的长度为9寸，选用中等大小的黍子，横排90粒为黄钟律管之长，100粒恰合一尺。律管容积为容量单位一龠，10龠为合，10合为升。一龠之黍重12铢，24铢为两。这在当时是很先进的。《汉书·食货志》记有“黄金方寸而重一斤”。《后汉书·礼仪志》中有：“水一升，冬重十三两。”清康熙年间规定以金、银等金属作为长度和重量的标准，后发现金属纯度不高影响标准精度，所以改用一升纯水为重量标准。这种利用重量确定度量衡单位的方法在世界度量衡史上也占有一定的地位。

（4）国际公制在中国的推行

明清两代采用营造、库平度量衡制。清乾隆帝接受西方科学技术，在钦定《数理精蕴》中对度量衡详加考订，并用万国权度原器与营造尺、库平两进行校验。营造尺相当于米制32厘米，库平两约合37.3克。

光绪三十四年（1908年），清廷拟订划一度量衡制和推行章程。商请国际权度局制造铂铱合金原器和镍钢合金副原器，次年制成运回中国。1928年，中华民国政府公布度量衡法，规定采用“万国公制”为标准制，并暂设辅制“市用制”作为过渡，即1公尺为3市尺，1公升为1市升，1公斤为2市斤。改革后的市制为适应民众习惯，又与公制换算简便，逐渐被民众所接受。1949年后，市用制通行全国。1984年，国务院发布命令，采用以国际单位制为基础，同时选用一些非国际单位制单位的中华人民共和国法定计量单位（简称法定单位）。自1991年1月1日起，法定单位成为中国唯一合法的计量单位。

居住方式

◆ 穴　居

大自然开凿出了无数奇异深幽的洞穴，展示了神秘的地下世界，也为人类提供了最原始的生存之所。在生产力水平低下的状况下，天然洞穴显然首先成为最适宜居住的“家”。从早期的北京周口店、山顶洞穴居遗址开始，原始人居住的天然岩洞在辽宁、贵州、广州、湖北、江西、江苏、浙江等地都有发现，可见穴居是当时人类主要的居住方式，它满足了原始人对生存的最低要求。

进入氏族社会以后，随着生产力水平的不断提高，房屋建筑开始出现。但是在环境适宜的地区，穴居依然是当地氏族部落主要的居住方式，只不过人工洞穴取代了天然洞穴，且形式日渐多样，更加适合人类的活动。例如在黄河流域有广阔而丰厚的黄土层，土质均匀，含有石灰质，有壁立不易倒塌的特点，便于挖作洞穴。

穴　居

因此在原始社会晚期，竖穴上覆盖草顶的穴居成为这一区域氏族部落广泛采用的一种居住方式。同时，在黄土沟壁上开挖横穴而成的窑洞式住宅，也在山西、甘肃、宁夏等地广泛出现，其平面多为圆形，和一般竖穴式穴居并无差别。山西还发现了“低坑式”窑洞遗址，即先在地面上挖出下沉式天井院，再在院壁上横向挖出窑洞，这是至今在河南等地仍被使用的一种窑洞。随着原始人营建经验的不断积累和技术的不断提高，穴居从竖穴逐步发展到半穴居，最后被地面建筑所取代。

穴居方式虽早已退出历史舞台，但作为一定时期特定地理环境下的产物，它在我们祖先的生存发展中起到了重要的作用。同时，鲜明的地方特色也构成了一道独特的人文景观。至今在黄土高原依然有人在使用这类生土建筑，这也说明了它对环境的良好适应性。

◆ 巢　居

在中国古代文献中曾有巢居的记载。如《韩非子·五蠹》：“上古之世，人民少而禽兽众，人民不胜禽兽虫蛇，有圣人作，构木为巢，以避群害。”《孟子·滕文公》："下者为巢，上者为营窟"。因此有人推测，巢居也可能是低洼潮湿而多虫蛇的地区采用过的一种原始居住方式。

燧人氏钻木取火

与北方流行的穴居方式不同，南方湿热多雨的气候特点和多山密林的自然地理条件孕育出了云贵、百越等南方民族"构木为巢"的居住模式。此时原始人尚未对这种"木构"建造有明确的意识，只不过是伴随着钻木取火、劈砸石器等无意识条件反射而诞生的一种社会行为，严格上讲，算不得建筑。《礼记》载："昔者先王未有宫室，冬则居营窟，夏则居缯巢"，可见巢者与穴居也并非因地域不同而截然分开。

巢居在适应南方气候环境特点上有显而易见的优势：远离湿地，远离虫蛇野兽侵袭，既有利于通风散热，又便于就地取材就地建造等。可以说"巢居"是我们祖先在适应环境上的又一创造。原始社会的"巢居""穴居"在长期历史环境的变迁中，受社会、自然、文化等多种条件的制约与影响，将华夏文明建筑成了一部璀璨的史诗。

◆ 傣族民居

傣族民居分为干栏式建筑、地面建筑、土掌房三种。干栏式建筑主要分布在西双版纳全境和德宏州的瑞丽，遮放坝子。干栏式住房以竹术为材料，木材作房架，竹子作檩、掾、楼面、墙、梯、栏等，用榫卯和竹篾绑扎连接各部件。干

栏式住房为单幢建筑，各家自成院落，各宅院有小径相通。房顶用草排或挂瓦。瑞丽的干栏式建筑体现出较高的建造水平；地面建筑主要为芒市、盈江等地所采用，

傣族民居

为土墙平房，因受汉族影响，已不是傣族特有的住宅形式；土掌房是红河流域地区的主要住宅形式，大量分布于云南中部和东南部地区。土掌房以木梁柱和土墙承重土质平顶，形成一个长方体或正方体，依地势建成二、三层的土楼并层层垒进，呈阶梯形，有天井、楼层。一般居民家中都拥有十几间房屋，平顶上可以用来凉晒粮食或堆放农具。土掌房建造起来十分容易，冬暖夏凉，特别适合于干热河谷地带的气候。

◆ 帐篷式居室

帐篷式居室是适应自然环境，是根据生产、生活的需要而制造出来的移动生活空间。这种住屋不固定，经常拆卸迁移，处于游动状态。这种类型在我国有两种使用情况，一种是长年的世世代代的游动性生产生活，如我国游牧或游猎部落；另一种是临时性生产、生活，如现代生产中的野外作业。在定居以前，以畜牧生产为主的牧民，赶着畜群逐水草而生，帐幕随时搬迁，固定时间不长，甚至有的部落

蒙古包

把帐幕支在大幌车上组成牧营，过着游移的生活。这种住屋已经有非常悠久的历史了，俗称“穹庐”，现多称“蒙古包”，这是一种内撑以木架、木栅，外包以毛毡，缚以毛绳的古代“庐”性住室，是北方游牧民族的理想住所。

◆ 上栋下宇式居室

有天棚、地基和四壁的固定的生活空间，这种居所就称做“上栋下宇”式居室。它是利用地面空间来建造居室的，分离了室内室外，使饮食起居、家族亲族往来、政治文化生活等方面都变得更加社会化。据《易经·系辞下》记载：“上古穴居而野处，后世圣人易之以宫室，上栋下宇，以待风雨，盖取诸大壮。”在这里，栋和宇的创造是很关键的，栋是屋的脊梁，宇是屋的椽，栋承屋的顶盖使其向上，宇垂屋的顶檐使之向下。竖木为柱，联柱支梁，梁上接檩，顺檩搭椽，加铺苇笆，涂泥茅草，成为我国创造的木架结构住屋的样式，沿用至今，形成我国住屋构造的主要民俗风格。

交通运输

交通是为了满足人类生产和生活的需要而发展起来的。古代人们为了生存，都尽量沿河岸生活，因此水上交通就成为了最早产生的运输方式。“伏羲氏刳木为舟，剡木为楫”说明独木舟早已在中国出现。在陆上交通方面，驯马牛成为最早的陆运工具。此后出现了马牛拉车，从而促进了道路的人工修筑，直至出现丝绸之路。中国古代的交通工具品种也比较多，下面我们就来简单介绍一下。

◆轿　子

中国的轿子自古以来历代相袭，曾流行于广大地区。轿子因时代、地区、形制的不同而产生了不同的名称，如肩舆、檐子、兜子、眠轿、暖轿等。现代人所熟悉的轿子多为明、清以来沿袭使用的暖轿，又称帷轿。帷轿为木制长方形框架，其中部固定在两根具有韧性的细圆木轿杆上；轿底用木板封闭，上放可坐单人或双人的靠背坐箱；轿顶及左、右、后3侧以帷帐封好，前设可掀动的轿帘，两侧轿帷多留小窗，另备窗帘。历代统治阶级都曾制定过轿子的形制等级，主要体现在轿子的大小、帷帐用料质地的好坏和轿夫的人数等方面。民间所用的轿子分素帷小轿和花轿两种。前者为一般妇女出门所用之物，后者则专用于婚嫁迎娶。从20世纪80年代中期开始，素帷小轿、花轿都被旅游业启用。花轿多设置在旅游点，与中国传统的结婚礼服——凤冠、霞帔配合，用来接待中外游客，举行中国古代婚礼仪式，或用作拍照道具。因此素帷小轿则作为江浙山区的一种民俗交通

李鸿章官轿

工具，用来迎送中外游客。

轿子也是老北京的传统交通工具之一。二人抬的称“二人小轿”，四人抬的称“四人小轿”；八人以上抬的则称之为大轿，如“八抬大轿”等等。在封建社会的等级制度下，轿子和其他事物一样，在使用上也是有着严格的等级规定，违规则要受罚。历代史书对此都有明确而严格的记载。《明史》载：“弘治七年令，文武官例应乘轿者，以四人舁之。其五府管事，内外镇守，守备及公、伯、都督等，不问老少，皆不得乘轿，违例乘轿及擅用八人者奏闻。”隆庆二年，应城伯孙文栋违例乘轿被告发，立刻被罚停俸禄。《清史稿》亦载：“汉官三品以上、京堂舆顶用银，盖帏用皂。在京舆夫四人，出京八人。四品以下文职，舆夫二人，舆顶用锡。直省督、抚，舆夫八人。司道以下，教职以上，舆天四人。杂职乘马。……庶民车，黑油，齐头，平顶，皂幔。轿同车制。其用云头者禁止。”官员需按例，百姓有钱也不得逾制。正如当今社会对乘车的限制，但只管官不管民。

轿子在种类上，有官轿、民轿、喜轿、魂轿等不同类型；在使用上，有走平道与山路的区别；在用材上，有木、竹、藤等之分；在方式上，有人抬的和牲口抬的，如骆驼驮的“驼轿”，元代皇帝还坐过“象轿”。另外还有一种叫“骡驮轿”的，其实它是“骡抬轿”的讹音，是清末民初流行一时的交通工具。该轿用二匹骡子前后抬着，轿杆固定在骡背鞍子上；轿夫跟着边走边吆

喝；轿内坐人，大轿可坐3~4人；轿外夏包苇席或蒙纱，冬季则是棉围子。骡驮轿多用于山区或乡间崎岖小路。

◆ 船

船是水路的主要运输工具。关于船的起源国目前尚无定论。早在公元前6000年，人类已开始在水上进行活动。世界上最早的船可能就是一根木头，人们试着骑到水中漂浮的较大的木头上，从而想到了造船。

中国是世界上最早制造出独木舟的国家之一，并曾利用独木舟和桨渡海。独木舟就是把原木凿空，人坐在上面的最简单的船，是由筏演变而来的。虽然这种演变过程极其缓慢，但却在船舶技术发展史上迈出了重要的一步。独木舟需要较先进的生产工具，依据一定的工艺过程来制造，制造技术比筏要难的多，其本身的技术也比筏先进得多，它已经具备了船的雏形。

独木舟

中国使用船只的历史非常悠久，商代时已造出有舱的木板船。汉代的造船技术更为进步，发明了桨、锚，还有舵。唐代李皋发明了利用车轮代替橹、桨划行的车船。在宋代，船上普遍使用罗盘针（指南针），并有了避免触礁沉没的隔水舱，还出现了10桅10帆的大型船舶。船只的重要部件如橹、纵帆、龙骨结构、水鸟形船体，还有造船的船坞、人力轮船等都是由中国人发明的。公元15世纪，中国的帆船已成为世界上最大、最牢固、适航性最优越的船舶。中国古代航海造

船技术的进步，在国际上处于遥遥领先的地位。明代中国的造船业更是到达了鼎盛时期，这也为郑和下西洋提供了强大的物质保障。《明史·郑和传》记载，郑和的航海宝船，长44丈4尺，宽18丈，这是当时世界上最大的海船，折合现今长度为151.18米，宽61.6米。船分四层，船上9桅可挂12张帆，锚重有几千斤，要动用二百人一起才能启航，是一艘可容纳千人以上的中国帆船类型。18世纪，欧洲出现了蒸汽轮船。19世纪初，欧洲又出现了铁船。19世纪中叶，船开始向大型化、现代化发展。

◆ 古代独轮车

独轮车俗称“手推车”。在近现代交通运输工具普及之前，独轮车是一种轻便的运物、载人工具，特别在北方，几乎起着与毛驴同样的作用。过去的独轮车车轮为木制，有大有小，小者与车盘平，大者高于车盘；将车盘分成左右两边，可载物，也可坐人，但两边须保持平衡。在两车把之间，挂有“车绊”，驾车时将其搭在肩上，两手持把，以助其力。独轮车一般为一人往前推，但也有大型的独轮车用以载物，前后各有双把，前拉后推，称作“二把手”。

独轮车

独轮车以只有一个车轮为标志。由于重心法则，极易倾覆。但奇怪的是，中国古代人用它载重、载人，虽长途跋涉亦平稳轻巧。因此，它的创制者和第一个驾驶者必定是有胆有识的机械工程师。至于独轮车的车辕，其长短、平斜、支杆高低、直斜及轮罩之方楠，几乎随地随人而异。古时候，女子结婚后回娘家时，用的就是这种独轮车。回娘家时，丈夫推着车子，妻子坐在上面，就这样双双回到娘家。独轮车在当时是一种既经济而又使用最广的交通工具，这在交通运输史上是一项十分重要的发明。

三国时代以后，独轮车被广泛使用。宋应星在《天工开物·舟车》中描绘并记述了南北方独轮车的驾法：北方独轮车，人推其后，驴曳其前；南方独轮车，仅视一人之力而推之。中国的独轮车，除由人推畜拉之外，更有在车架上安装风帆以利用风力推车前进的发明。这种车称为“加帆车”，大约创制于5世纪时期。

◆ 指南车

指南车，又称司南车，是中国古代用来指示方向的一种机械装置。指南车与司南、指南针等在指南的原理上截然不同。它是一种双轮独辕车，车上立有一个木人，一手伸臂直指。与指南针利用地磁效应的不同之处在于，指南车是利用齿轮传动系统，根据车轮的转动，由车上木人来指示方向的。只要在车开始移动前，根据天象将木人的手指向南方，以后不管车向东还是向西转，由于车内有一种能够自动离合的齿轮即一种定向装置，木人的手臂始终指向南方。

车中除两个沿地面滚动的足轮（即车轮）外，尚有大小不同的7个齿轮。《宋史·舆服志》分别记载了这些齿轮的直径或圆周以及其中一些齿轮的齿距与齿数，可见古人当时已经掌握了关于齿轮匹配的力学知识和控制齿轮离合的

指南车

方法。车轮转动，带动附于其上的垂直齿轮（称“附轮”或“附立足子轮”），该附轮又使与其啮合的小平轮转动，小平轮带动中心大平轮。指南木人的立轴就装在大平轮中心。当车转弯时，车辕会自动控制车上的离合装置，即竹绳、滑轮（分别居于车左或车右的小轮）和铁坠子，这样就可以控制大平轮的转动，从而使木人指向不变。

◆ 记里鼓车

记里鼓车是中国古代用于计算道路里程的车，是由“记道车”发展而来的。《宋史·舆服志》中对这种车的记载比较详细，大体是说记里鼓车的外形是独辕双轮，车箱内有立轮、大小平轮、铜旋风轮等；轮周各出齿若干，“凡用大小轮八，合二百八十五齿，递相钩锁，犬牙相制，周而复始。”记里车行一里路，车上木人击鼓，行十里路，车上木人击镯。总之，指南车和记里鼓车的形状虽然在历代制造时都有些改进，但可以肯定的是它的差动齿轮原理在1800多年前就已经为张衡所应用了。

记里鼓车的记程功能是由齿轮完成的。车中有一套减速齿轮系统，始终与车轮同时转动，其最末一只齿轮轴在车行一里时正好回转一周，车子上层的木人受凸轮牵动，由绳索拉起木人右臂击鼓一次，以示里程。记里鼓车的结构是这样的：①车轮的圆周长1丈8尺（约6米）。车轮转一圈，则车行1丈8尺，而古时以6尺（即2米）为一步，则车轮转一圈车行3步；②立轮附于左车轮，并与下平轮相吻合。立轮齿数为18，而下平轮齿数为54，所以前者转一圈，后者才转1／3圈；③铜旋风轮与下平轮装在同一贯心竖轴之上，并与中立平轮相吻合。铜旋风轮的齿数为3，而中立平轮的齿数为100，所以前者转一圈，后者才转3／100圈；④小轮与中立平轮装在同一贯心竖轴之上，并与上平轮相吻合。小轮齿数为10，而上平轮齿数为100，所以前者转一圈，后者才转1／10圈。

记里鼓车

车行一里（即为百步），车轮和立轮都转100圈，下平轮和铜旋风轮才转100／3圈，中立平轮才转3／100×100／3－1圈。而上平轮才转1／10圈。也就是说，行车一里（即500米），竖轴B才转一圈；行车十里（即1000米），竖轴才转一圈。而在这两个竖轴上，还各附装一个拨子。因此行车一里，竖轴上的拨子便拨动上层木偶击鼓一次；行车十里，竖轴上的另一拨子便拨动下层木偶击鼓一次。

其实记里鼓车的用途很狭窄，它只是皇帝出行时“大驾卤簿”中必不可少的仪仗之一，没有什么实际用途。而且它还比较笨重，携带和使用都不方便，无益于世。故一经战乱，其器失传不存。至元代，此车已经相当的少见，明清以后也没有听说过有人会制造记里鼓车。因此，此车后来就绝迹于人间。

通讯方式

人类自从有了语言和文字后便有了通讯。通讯的历史和人类的历史一样悠久，大致可分为两个时段——古代和近现代时期，二者的标志是电的出现。通信在古代人类的生活与生产中因需要创造出了很多种方式，主要有：吹喇叭传信、击鼓传声、烽火台上用烽火狼烟传递军情、用驿站骑马传递文书、飞鸽传书、徒步送信、风筝报信、马拉松传递以及热气球邮递等。古代还有：喊叫联络、鸿雁传书，诸葛亮发明的孔明灯，还有漂流瓶、灯塔引航、旗语等信息传递方式。

◆ 狼 烟

在中国古代，边境的士兵为了及时传递敌人来犯的信息，便在峰火台上点燃狼粪。因为狼粪点燃时的烟很大，可以看的很远，这样一个峰火台接一个峰火台的点下去，敌人来犯的消息就传的非常快。

狼烟是两千年来传递边境敌人进犯消息的主要手段，又有“烽火戏诸侯”“狼烟四起”的成语典故。在辞典中，狼烟是用狼粪烧出来的烟。然而，实际上烧狼粪就像是烧羊毛毡，冒出的烟是浅棕色的，比干柴堆冒出的烟还要淡。当狼粪下的干柴烧成了大火，狼粪也终于全部烧了起来，最后与干柴一起烧成了明火，连烟都看不见了，哪有冲天的黑烟？就是连冲天的白烟也没有。

◆ 鸡毛信

鸡毛信源于“羽檄”。“羽檄”是古时征调军队的文书，上插鸟羽表示紧急，必须速递。《汉书·高帝纪下》：“吾以羽檄征天下兵。”颜师古注：“檄者，以木简为书，长尺二寸，用征召也。其有急事，则加以鸟羽插之，示速疾也。”古人又称“羽檄”为“羽书”，虞羲《咏霍将军北伐》诗中说：“羽书时断绝。”杜甫《秋

狼 烟

兴》诗中也说："直北关山金鼓振，征西车马羽书驰。"但到后来也逐渐变得有名而无实了，如沈括《梦溪笔谈》中说："驿传旧有三等：曰步递、马递、急脚递。急脚递最遽，日行四百里，惟军兴则用之。熙宁中，又有金字牌急脚递，如古之羽檄也。"可知此时已不真用羽毛，而且名字也已不用"羽檄"了，"羽檄"只是古时候的名字了。

梅关古驿道

在电影《鸡毛信》中，共产党武装队员用鸡毛信传送紧急信息，这是鸡毛信的艺术化表现了。但是，电影的表现反而使人们误认为鸡毛信是作者虚构的，甚至有些人以为鸡毛信就是起源于电影！其实中央电视台的《鉴宝》节目中曾经有位来宾出示了一件抗战时期鸡毛信的实寄封，这是中国邮政史上唯一的一件鸡毛信实物，说明鸡毛信在历史上是确实存在过一段时间的。

◆ 驿　道

驿道也被称为古驿道，是中国古代陆地交通的主通道，同时也是重要的军事设施之一，主要用于运输军用粮草物资、传递军令军情。如著名的丝绸之路、古代的湖广驿道、南阳-襄阳驿道、青蒿驿道、梅关古驿道等。

◆ 信　鸽

信鸽亦称"通信鸽"，是从我

们生活中常见的鸽子中衍生、发展和培育出来的一个特殊种群。信鸽应该是和鸡来自于同一个祖宗，只不过信鸽是人们对普通鸽子进行驯化，提取其优越性能的一面加以利用并精心培育出来的品种，因而信鸽变得越来越脱离普通鸽子而成为单独的一类而存在的。

人们利用信鸽是因为鸽子有天生的归巢本能，即使被千山万水阻隔，它们都要回到自己熟悉和生活的地方。它们的恋家和归巢性被发现后，人们便开始对它们进行驯化培育，并利用它们来传递紧急重要信息。信鸽用途广泛，涉及了很多行业，包括航海通信、商业通信、新闻通信、军事通信、民间通信等。

古罗马人很早就已经知道鸽子具有归巢的本能，他们通常会在体育竞赛过程中或结束时放飞鸽子以示庆典和宣布胜利。古埃及的渔民每次出海捕鱼也大多带着鸽子，以便传递求救信号和渔汛消息。关于信鸽的记载有很多：奥维德（公元前43年—公元17年）在一本著作中记述了一个叫陶罗斯瑟内斯的人把一只鸽子染成紫色后放出，让它飞回到琴纳家中，向那里的父亲报信，告知他自己在奥林匹克运动会上赢得了胜利；古代中东地区巴格达有个统治苏丹·诺雷丁·穆罕默德，在巴格达和他的帝国各城之间建立起一个信鸽通讯网，形成一座著名的信鸽邮局；非洲商业船队也通常会将鸽子置放在船上作为海运帮手，不时放出鸽子通知岸上轮船到达等等；相

信 鸽

传我国楚汉相争时，被项羽追击而藏身废井中的刘邦，放出一只鸽子求援而获救；五代后周王仁裕（公元880—956年）在《开元天宝遗事》著作中辟有“传书鸽”章节，书中称：“张九龄少年时，家养群鸽，每与亲知书信往来，只以书系鸽足上，依所教之处，飞往投之，九龄目为飞奴，时人无不爱讶。”可见我国唐代已利用鸽子传递书信。另外，张骞、班超出使西域时，也是利用信鸽来传递信息的。

至19世纪初，人类对鸽子的利用变得更加广泛，在人类的军事冲突史中，它是最早并最多效力于主人的。著名的滑铁卢战役的结果就是由信鸽传递到罗瑟希尔德斯的。今天，人类利用它进行隐蔽通讯，海上航行利用它跟陆上联系，森林保护巡逻队使用信鸽也可以有效地跟总部进行联系等等。

渔猎工具

◆ 鱼　线

尼龙的发明是近代史上的一大创举，它给纺织、国防、民生带来了革命性的震撼冲击，尤其是人们将尼龙油制成线并充当垂钓用的线，这不但是钓鱼史上划时代的盛事，同时也为钓鱼运动的发展写下了崭新的一页。钓鱼线最重要的一个因素便是钓力值的问题，这尾鱼究竟能否拉得起来？钓线会不会断？这些是钓友最担心的问题。而即使是在草创初期，尼龙钓线的钓力和直径之纤细都远在其他代用品之上，这两方面使得欧美生产的约鱼线和规格标示都以最实际的钓力值来计算。欧美的重量单位是磅，所以钓线的规格单位便是以磅为单位了。

◆ 鱼　竿

鱼竿最早使用的是竹木材质，使用历史长达数千年。20世纪诞生了玻璃纤维鱼竿，随后又出现了更先进的碳纤维鱼竿。鱼竿按照不同分类标准有很多种分类，比如按材质可分为竹木、玻璃钢（玻璃纤维复合材料）鱼竿、碳素鱼竿三大系列；按用途分为海竿（又叫甩竿、投竿）、手竿两大种类等。以下就为大家简单介绍一些市场上比较常见的鱼竿：

（1）竹木竿

绝大多数钓鱼爱好者都比较喜欢用这种鱼竿，因为它具有选材精良、工艺考究、价格低廉、使用方便等优点。

（2）玻璃纤维鱼竿

玻璃纤维鱼竿又称为玻璃钢竿、玻璃纤维树脂竿，采用玻璃纤维缎纹布，经浴浸环氧树脂、醛树脂并通过高温固化成形（空心管或实心竿体），具有较好的坚韧性以及弹性和良好的绝缘性。钓竿成形后未涂颜色前，竿体颜色黄色、棕色。

（3）插接式钓竿

插接式钓竿又称为并继式钓竿，由数节竿体相互插接而成，分为实心插接竿和空心插接竿两种，

鱼　竿

其特点是接口严密，钓竿受力后的整体性能好。空心插接竿的竿体可分别装入底节和底二节的竿体内。

（4）抽拉式钓竿

抽拉式钓竿又称“天线”式钓竿、振出式钓竿，抽拉式钓竿为空心竿，可将数节钓竿收缩藏于底柄的竿

管内。特点是便于携带，但往往不如插接式钓竿坚实。

（5）海 竿

我国将钓竿上装有绕线轮、过线导眼、可放线、收线的钓竿统称为海竿。有的地区又称为投竿、抛竿。海竿具有远抛线延长钓点和根据绕线量自由放线、收线的功能。实际按此功能来区分，海竿又分为船钓竿、岩矶竿、滩钓竿、鲷鱼竿、鳟鱼竿等很多。

（6）换把钓竿

换把钓竿又称可换底柄钓竿，这种钓竿附有两个以上的可套接底柄，主要应用于河川钓、塘钓、水库钓的手竿，如一支5.4米全长的手竿为六节，当垂钓时要选用4.5米全长的钓竿，可将振出式（插接式）5.4米手竿上撤掉底节竿筒，变为4.5米全长的钓竿，再从钓竿的前端外套入另一支备用的底柄，即变为4.5米全长的手竿，由此，7.2米竿可变为6.3米竿，6.3米竿可变为5.4米竿，5.4米竿可变为4.5米竿，4.5米竿可变为3.6米竿，3.6米竿可变为2.7米竿。这样，换把钓竿即可起到一竿两用的效果。

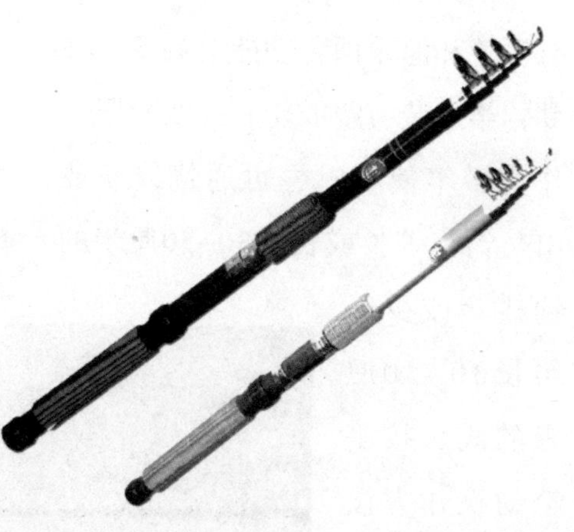

海 竿

（7）鲫鱼竿

鲫鱼竿是指专门钓鲫鱼（家鲫、野鲫、日本白鲫）使用的钓鱼竿。其特点是钓竿竿径细，大多竿柄缠有丝线或腈纶线，持握竿柄时有良好的手感；全竿收缩后的长度约1米，以减少竿节的节数，使整体钓竿保持很好的韧曲度；前节竿尖为实心体，细而又具有良好的韧性。鲫鱼竿的长度一般为2.1米、

2.4米、2.7米、3.0米、3.3米、3.6米、3.9米、4.2米、4.5米、5.4米、6.3米。常用竿长为3.6~5.4米。

（8）两用竿

在我国被称为两用竿的是指具有手竿和海竿两种功能的钓竿。在其钓竿上装有绕线轮和过线导眼。作为手竿使用时，可通绕线轮放出与钓竿等长或长出30~50厘米的钓线，或少于竿长30~50厘米的线，按手竿的操作方法使用。不同的是，当钓者钓到大鱼时，两用竿可放线、收线，不容易出现因鱼的挣脱力过强发生断竿、断线的现象。如作为海竿使用时，可投远延伸钓点。其竿长一般为4.5米、4.8米、5.4米、6.3米、7.2米，两用竿的称呼是我国钓鱼爱好者的习惯叫法，在日本则被称之为“矶上物竿”。它与一般海竿的不同之处是：过线导眼小，防止作为手竿使用时挂线；竿体较细，特别是钓竿前尖节较细。

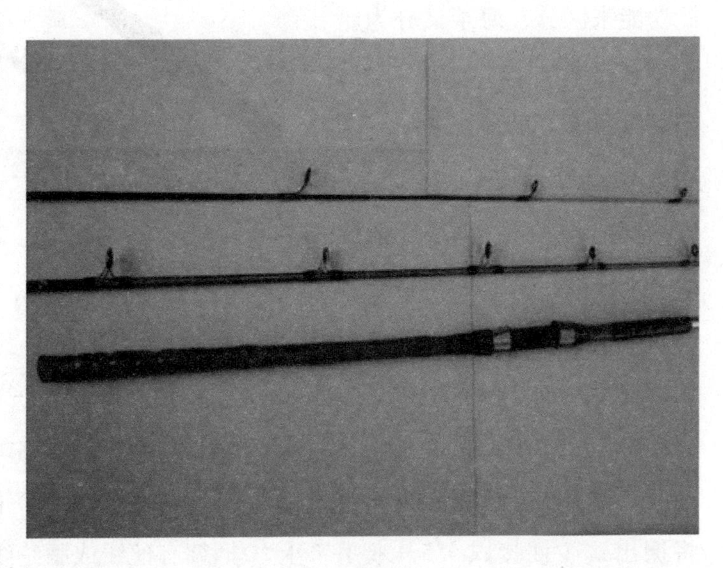

两用竿

（9）碳纤维竿

碳纤维竿又称为碳素竿，它是采用高科技碳纤维素材制造而成的，具有良好的导电性和非常好的抗张强度，在使用时应特别注意防电。目前绝大部分碳纤维钓竿是采用无梭纺碳纤维纵向布制管，经浸树脂固化而制造

的。用于钓竿生产方面的碳纤维含量多少，直接影响着钓竿的价值和品位。

（10）溪流竿

溪流竿是指专门在山涧溪流、水流较急的浅滩等水域使用的一种钓竿，主要用于钓马口鱼、长吻鱼、短须颌须鱼，油鱼等中小型鱼类。溪流竿的特点是钓竿收缩后的长度多为58厘米或37厘米，便于携带；钓竿的前节竿尖为实心体，细且具有良好的韧性。竿的长度一般为2.7米、3.6米、4.5米、5.4米。

（11）中通钓竿

中通钓竿是一种钓线在竿体内部通过的钓竿，所以也称为内走线钓竿。该钓竿装有绕线轮，出线后通过轮座前的竿体孔进入空心竿体，从竿尖出线。中通钓竿的优点是：不装过线导眼，使用中不会产生钓线从整支钓竿的竿体内通过，当其受力时能够保持钓竿的整体应力。这种钓竿分为两种组合形式：一种是振出式抽拉竿；另一种并继式插接竿。

◆ 鱼　钩

鱼钩的种类繁多，从古代的骨质鱼钩发展到今天大约有数千种之多。鱼钩从长短来分可分长柄构和短柄钩；按形状分也可分为圆形、袖形和角形三种；按大小又可分为二分、三分、四分等等。垂钓者依据不同的钓鱼场所、垂钓方法和所钓鱼类及鱼的大小来选择不同种类的鱼钩。不同形状的鱼钩也有各自的特点：

（1）圆形钩

这种钩的钩尖前端长度弯部呈圆形，易为鱼类吞食，钓到鱼后不易脱钩。只是钓柄短，挂钩不方便。

（2）袖形钩

钩尖前端长度弯部近似直角形。这种钩容易被鱼吞食，脱钩的机会少，装饵挂钩方便，但鱼吞钩不如短袖形钩容易。

（3）角形钩

钩尖锋利、无倒刺。从钩尖到钩底弯部呈死角状，便于装虫类等活饵，但容易跑鱼。

鱼钩的各个部位都有各自的名

称和功能，比如：钓柄又称钩轴，有防止绑钩线脱落的作用，钩柄有圆形、手板形、矛尖形、倒钩形、钩形、锯齿形、圆环形和撞木形等8种；构把是钓钩的轴，上端绑线用；钩尖、倒刺，是在鱼吃饵时刺入鱼嘴并防止上钩的鱼脱钩所用；钩腹，有宽窄之分，宽钩腹的适宜钓嘴大的鱼，窄钩腹的适宜钓嘴小的鱼。

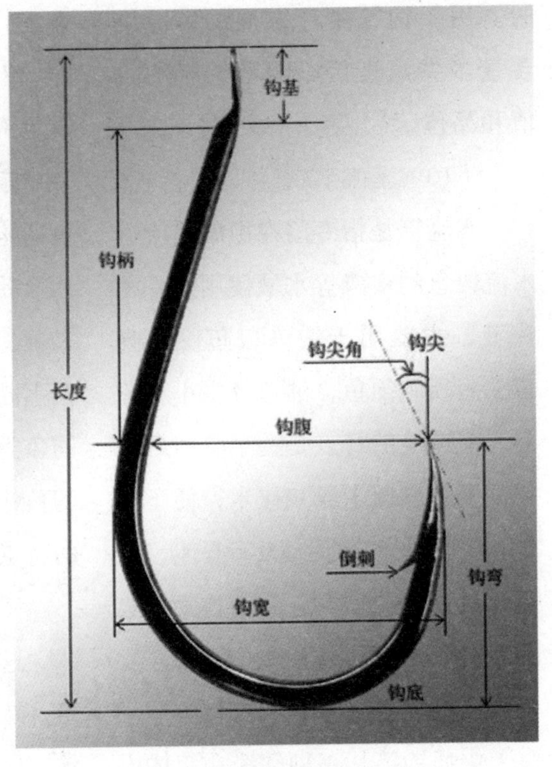

鱼钩的结构

◆ 鱼　护

鱼护是指装钓获的鱼的用具，大多用胶丝线编织而成，是垂钓辅助用具之一；把它放入水中，可保鱼成活。鱼护的网眼可大可小，网兜可长可短。有些钓者也会使用由不锈钢丝、竹篾、藤条编织的鱼篓装鱼。

◆ 抄　网

抄网是在钓到较大的鱼后，为了捞鱼上岸所必不可少的渔具。抄网多用多股尼龙线编织而成，有大、中、小型之分。常见的抄网有圆形、三角形、梯形三种形状，圆形抄网入水后不受水体角度限制，使用方便、灵活。三角形和梯形抄网的网前端多采用粗尼龙线连接两侧的金属网圈，由于粗尼龙线可以折叠，故这种网圈可以叠得很小，便于携带。抄网是安在抄网柄上使

用的，抄网柄有竹柄、金属柄、玻璃钢柄。为便于携带，抄网柄有插接式和伸缩式。

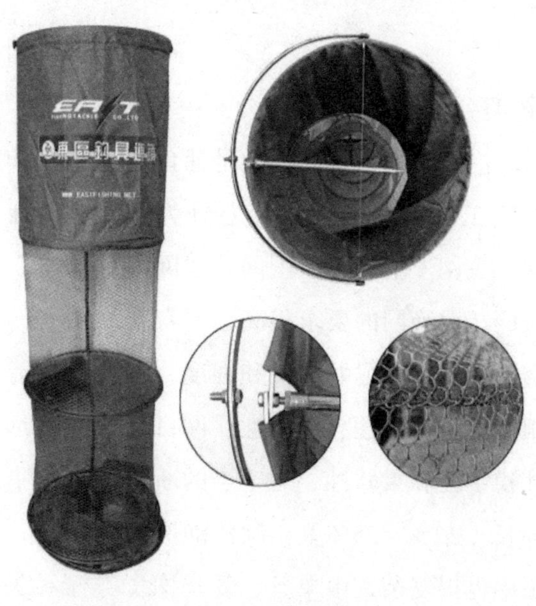

鱼　护

用抄网抄鱼是钓鱼中最重要的环节之一，钓到大鱼遛鱼时，鱼遛疲了、累了，就只等抄鱼上岸了；可要是在抄鱼时鱼却跑了，这才是真正的功亏一篑。实际上，抄跑鱼比遛跑鱼的情形要更常见。因此，必须熟练掌握抄鱼要领，抄鱼的要领可用“准、稳、快”三个字来概括：

（1）准

说的是要看准时机，时机不成熟不能抄。如必须将鱼遛得白肚朝天，应在水深处、无树丛处抄，这样才有可能抄鱼成功，若时机不成熟就急于抄鱼，这样十有八九会把鱼给抄跑了。

（2）稳

说的是要稳当，要坚持牵鱼就网，而不能移网追鱼，一定要沉网等鱼，切不可持网在鱼头前比比划划，那样鱼看到抄网，最易让鱼受到惊吓而急于逃跑，脱钩断线。抄鱼时，由持竿者将鱼牵至网口上方，对准鱼头提网向上直抄。

（3）快

说的是要迅速捞起，在抄鱼的瞬间，持竿者应及时松缓钩线。使鱼顺畅入网，不松线，如过早或过迟松线都易发生跑鱼。大鱼入网后应迅速将抄网向岸边拖拉，0.1秒的延误，就有可能将鱼抄跑。

◆ 渔　网

渔网是捕鱼用的网，是捕鱼的专用工具。渔网从功能上分为刺网、曳网（拖网）、围网、建网和敷网。对渔网的要求很高，要有高透明度（部分尼龙网）和强度，有很好的耐冲击性、耐磨性、网目尺寸稳定性和柔软性，可适当的断裂伸长（22%～25%）。制作渔网的工序也很复杂，由单丝、复丝捻线（有结网）或单丝经编织（属无结网）经一次热处理（固定结节）、染色和二次热处理（固定网目尺寸）加工而成。渔网可以用于流网捕鱼、曳网捕鱼、捞鱼捕鱼、诱饵捕鱼和定置捕鱼，或成为网箱、渔笼等捕捉用品来作为制造原料。

◆ 箭

箭是伴随着弓的产生而出现的，远在石器时代，箭就已经是人们狩猎的工具。传说黄帝战蚩尤于涿鹿，纯用弓矢便已取胜，这是关于弓矢的最早的记载。其实远在3万年前的旧石器时代晚期，在中国境内的人类就开始使用弓箭了。最早的箭很简单，就是把一根树棍或竹竿截成一定长度的箭杆，在一端削尖就成了箭。而矢的真正起源应是原始社会石器时代，人们把石片、骨或贝壳磨制成尖利的形状，安装在矢杆一端，这就制成了有石镞、骨镞或贝镞的矢了，比起单用木棍竹

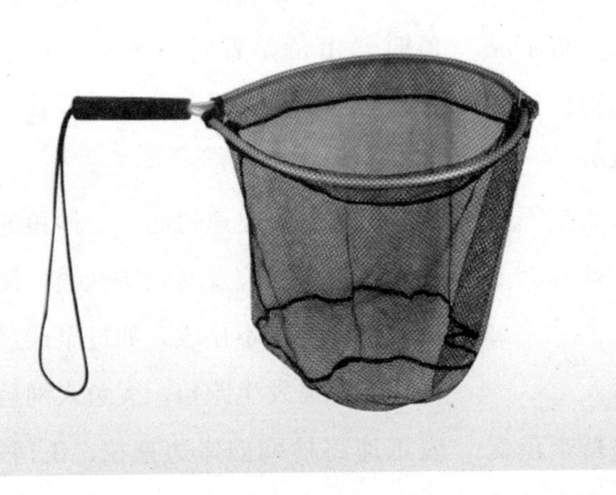

抄　网

竿削的箭算是迈进了一大步。

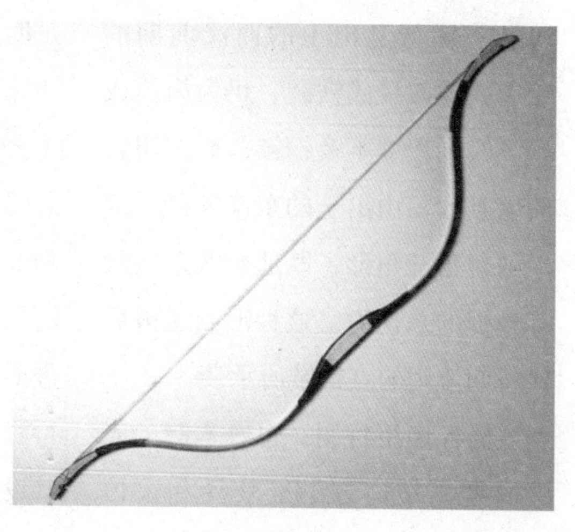

弓　箭

箭的制作到了春秋时期有了较大的进步，具体表现为：第一，制作上更趋于科学、规范化。如箭簇、箭杆、羽毛间的比例及箭杆的长与直径、杆的前后部的重量等，和之前相比有了一定的比例规定。从出土的春秋时箭簇实物标本看来，《考工记·矢入》中所规定的规格、尺寸、比例关系，与实际基本相符；第二，出土的箭骸虽多为青铜质，但形制也已有了较大的改革，逐渐抛弃了从商代到西周的传统的双翼扁体型，而改为三翼三棱锥体型，即由两翼的侧刃前聚成锋改为三棱的三条凸起的棱刃前聚成锋，簇锋小而锐，大大提高了箭簇的穿透力和杀伤力。即使有些仍然保持着扁体双翼型的箭簇，也加长了脊部，缩窄了双翼，且使两翼角下垂，以增强穿透的能力。在春秋前期，三棱锥型的箭矢仍占少数，但到了春秋晚期，它却迅速增多，被大量使用。比如长沙浏城桥一号楚墓出土的46枚铜簇中，三棱锥体型的箭骸多达29枚，就是明证。

由于远古的箭杆难以保存至今，所以出土实物中往往仅留下箭镞。新石器时代的石、骨、蚌镞，有棒形、叶形、三角形等多种形状，有些已有镞茎和逆刺。河南省偃师县二里头遗址中最先出土了商朝早期的青铜镞。商周时期，青铜镞的主要式样是有脊双翼式；到春秋战国时，三棱式镞盛行，战国时此类镞多装铁铤，以节省铜材；汉以后铜镞开始向铁镞过渡，这个过程前后经历了大约200年的时间。

河北省满城县出土的西汉前期的三翼式或四棱式铁镞，仍为模铸成型，锋利程度不及铜镞；而四川省新繁县牧马山出土的东汉铁镞呈扁平的锐角三角形，既适合锻造，又有较强的杀伤力。这种形制遂被后代长期使用的点钢镞所承袭。

箭杆多用竹制，也有木制。先秦时期，在南方的云梦泽和肃慎族聚居的东北地区，均产制矢之楛。直至明、清，华南制箭还用竹杆，华北用萑柳，东北、西北多用桦木杆。为了较准确地命中目标，人们必须把握住箭在飞行中的方向，于是人们在箭杆的尾部装上羽毛，使箭的形制趋于完善。箭的飞行速度和准确性与尾羽之间有着密切的联系：箭羽太多，飞行速度慢；太少，则稳定性差。为了使之有恰当的比例，在《考工记》中载有将箭浮沉部分的长短，以求出装尾羽之比例的方法。箭羽以翎为最上，角鹰羽次之，鸱枭羽又次之。装雁鹅羽的箭遇风易斜窜，质量就更差了。在宋朝，当优质羽供应不足时，有人还曾发明了风羽箭。据《宋史·兵志》记载，庆历四年（公元1044年），宋廷“赐鄜延路总管风羽子弩箭三十万”，可见风羽箭也是一种实战兵器。这种箭将箭尾安羽处剔空两边，利用向内凹进的空槽产生涡流阻力使箭保持飞行稳定，即使从现在的角度来看，其设计思想仍是相当科学的。

为了增大箭的杀伤力，后汉时耿恭还发明了一种“毒箭”。三国时，关羽攻打樊城，遭到曹仁500名弓弩手的乱箭阻击，右臂中一弩箭，箭头有毒，毒已入骨，右臂青肿，不能运动，遂请华伦医治。神医华伦曰：“此乃弩箭所伤，其中有乌头之药，直透入骨，若不早治，此臂无用矣。”乌头是一种药用植物，中草药名叫“附子”，其茎、叶、根均有毒。那时少数民族习惯用的弓弩箭头多带剧毒，中箭者，皮肉烂，烂到五脏而死。可见毒箭的致残、致死率是很高的。除了毒箭以外，还有在箭杆上缚有纵火物（油脂或火药）的火箭（中国

古代火箭），在战争中广泛应用。

后来金铠铁甲的出现，越来越要求箭更具穿透力。晋代多用钢铁箭镞。唐代箭分为竹箭、木箭、兵箭、弩箭四种，前两种用于狩猎，后两种用于战斗。用于战斗的箭镞用钢制成，刃部较长，能穿透坚甲。明清时代出现了一种飞行中带响的箭叫“鸣镝”，它在箭镞上加了一个用骨或兽角制成的小哨。据《前汉演义》描述，这种箭出自匈奴国太子冒顿之手。冒顿为争王位，欲收服民心，以便为所欲为，便发明了一种骨箭，上面穿孔，发射时有声，称为“鸣镝”，由他专用。冒顿传令部众：“汝等看我鸣镝所射，便当一齐射箭，不得有违，违者立斩！”此后，冒顿常率部众外出狩猎，只要他鸣镝一发，部众万矢齐攒，稍有延迟，立毙刀下。众人甚是畏惧，不敢怠慢。一日，冒顿牵出自己心爱的好马，用鸣镝射马，部下亦争相竞射，冒顿见状喜笑颜开，遍加奖赏。然而冒顿并不因此而满意，又先后用鸣镝射杀自己的爱妻，射杀了国王头曼的好马，部众闻声急射，稍有迟疑者，立即丧命。从此，只要鸣镝一响，众箭飞至，无一敢违。冒顿认为时机已成熟，这一日，请国王一同出猎，自己随在马后，用鸣镝对准头曼射去，部众随声同射，匈奴国王头曼毙于乱箭之下，冒顿弑父自立为王。

鸣　镝

箭是随弓弩的不断改进而发

展的，强弓大弩的出现，要求箭具有良好的贯穿力，所以对箭镞的要求也不断提高。箭自诞生之日起至今已历经了约三万多年的演化过程。古代军队一直把箭列为作战的主要武器，但随着火器的出现，至十九世纪中叶的太平天国战争时已基本上不用弓箭。近代以来，射箭日渐从军事上分离出来，成为一项习武强身的体育运动项目，现在射箭也已经被列为正式的比赛项目之一了。

◆ 弹　弓

中国古代人们还发明了一种用来射击的工具，就是弹弓。现在我国农村很多小孩子还很喜欢用弹弓来打鸟或玩耍。弹弓的原理与弓箭的原理相同，都是利用弹射力来进行发射，只是弹弓用的是弹丸，而弓箭用的是箭。

据《吴越春秋》卷9所载《弹歌》：“断竹，续竹，飞土，逐宍（古‘肉’字）。”诗歌以二字短句和简单的节奏，为我们生动描绘了古人砍伐竹子，制造弹弓，射出弹丸，射中鸟兽的一系列狩猎过程。《弹歌》可能是原始人类从蒙昧时代过渡到野蛮时代的创作。如此说来，古代很早的时候就已出现了弹弓。另外在古代传说中，泰山诸神亦爱好狩猎，其猎必用弹弓。《西游记》《封神传》中的二郎神即是泰山诸神之一，常携猎犬，挟弹弓，终日驰猎。

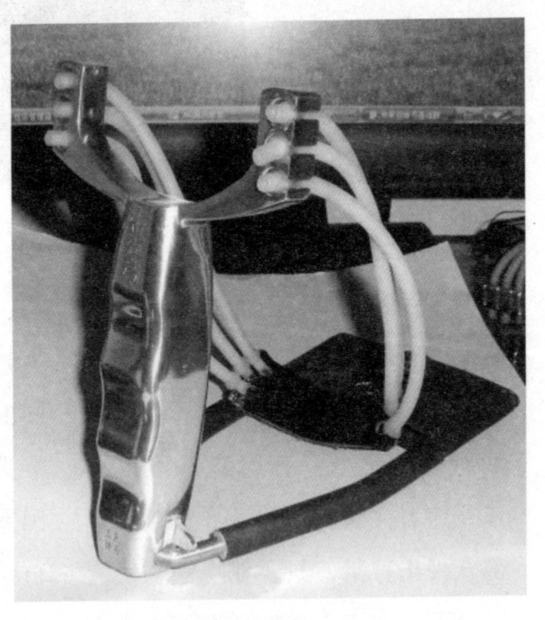

弹　弓

根据此类资料的记载来看，古代的弹弓更多的是用来打猎。因为弹弓的威力相对于弓箭来说要差很多，即使用于打猎，也只能是猎取飞禽和兔子之类的小型动物，更不用说用于大规模军事作战了。但由于弹弓比弓箭轻便易携带，使用起来也比较方便，且近距离的杀伤力也不弱，因此在民间流传较广。在许多武侠小说中，弹弓也经常被侠客们作为武器使用。但由于弹弓自身的功能所限，所以它在中国体育史上的影响很小，始终未能登大雅之堂，更多的只是作为娱乐工具而存在。

◆ 猎　枪

猎枪是猎人打猎用的一种工具。猎枪的体积跟步枪一般长，有的有两个口，如今它已是猎人和打猎爱好者用的必备道具。猎枪也有很多种类型：单管猎枪、立式双管猎枪、平式双管猎枪、三管猎枪（上管是小口径膛线，下两管是滑膛散弹枪管）、四管猎枪（上管是小口径，当中两管是散弹枪管，最下面的管是大口径膛线枪管；造型呈十字型）、唧筒三连五连及七连发、半自动猎枪（自动上堂退壳）和膛线猎枪等。

猎　枪

农牧水利

◆ 曲辕犁

生产工具是生产力的一个重要因素，一定类型的生产工具标志着生产力的发展水平。唐朝农具的改进以及广泛采用，对当时的农业生产发展起到了相当重要的作用。唐朝以前使用的是笨重的长直辕犁，回转困难，耕地费力。江南农民在长期生产实践中创造出了一种轻便的短曲辕犁，又称江东犁，在今敦煌莫高窟第四百四十五窟的壁画中就有曲辕犁耕作图。

曲辕犁

据唐朝末年著名文学家陆龟蒙的《耒耜经》中记载，曲辕犁由十一个部件组成，即犁铧、犁壁、犁底、压镵、策额、犁箭、犁辕、犁梢、犁评、犁建和犁盘。曲辕犁和以前的耕犁相比，有几处重大改进：首先是将直辕、长辕改

为了曲辕、短辕，并在辕头安装了可以自由转动的犁盘，这样不仅使犁架变得更小更轻，而且还便于调头和转弯，操作更加灵活方便，可以节省人力和畜力；其次是增加了犁评和犁建，如推进犁评，可使犁箭向下，犁铧入土则深。若提起犁评，使犁箭向上，犁铧入土则浅。将曲辕犁的犁评、犁箭和犁建三者有机地结合使用，便可适应深耕或浅耕的不同要求，并能使耕地深浅的调节更加规范化，有利于精耕细作。犁壁不仅能碎土，而且可将翻耕的土推到一侧，减少耕犁前进的阻力。曲辕犁结构完备，轻便省力，是当时最先进的耕犁。虽历经宋、元、明、清各代不同程度的改进，但耕犁的结构并没有什么明显的变化。

◆ 锄　头

我们的祖先很早就已会用石头做成锄头，并用它来从事种植农作物活动。到了汉朝以后，因为用石头做的石锄头比较不耐用，所以汉人就把石做的石锄头，改成用铁的铁锄头，这样耐用度就大幅度的上升了。

锄头分为两部分：第一部分是锄刃，就是用来松土、除草的地方，锄刃形状是扁扁长长的，就是四边形的菜刀形状，这是最正常的锄头。也有些比较特别的，像是长方型、狭长型、梯型等等；第二部分是柄，柄是一根木棍，非常硬，是用硬木制成的圆形木棍。柄是装在锄刃后面的一个孔来支撑这个锄

锄　头

刃的。柄的长短从80厘米到160厘米，有长有短，但长的会比较方便，因为这样农人就不必那么辛苦一直要弯下腰干活了。

锄头可以除草、翻土，不管要种哪一种农作物，都一定要先用锄头来松土、翻土，才能种植农作物。所以锄头对农人来讲是很重要的，没有锄头翻土，就等于是不能种植农作物。锄头也可以除草，像是小草每个季节都会生长，每过一个季节就要除草整理一次，尤其是春季，小草会长的特别旺，所以清理的次数比较多。总之，锄头是对农人来说是最重要的工具之一。

◆ 镰　刀

镰刀俗称割刀，是农村收割庄稼和割草的农具。镰刀外形呈月牙状，由刀片和木把构成，有的刀片的刀口上带有斜细锯齿，尾端装木柄，一般用以收割稻麦。20世纪50年代受苏北、山东大镰刀影响，刀体、刀柄稍有加长，是收割时常用的工具，在现在江南的一些农村还有广泛的使用。

◆ 铁　锹

铁锹是一种用于耕地、铲土的农具。长柄多为木制，而头多是铁的。

◆ 水利设施

水利设施可分为13种：进水口、制水井、储藏室、沉砂池、水文观测站、明渠、倒虹吸管、隧道、渡槽、溢流工、给水门、排水门、矮山支线、圆堀。

下面，我们来说一下规模宏大的水利工程都江堰。都江堰坐落于四川省都江堰市城西，位于成都平原西部的岷江上。都江堰水利工程建于公元前256年，是全世界迄今为止，年代最久、唯一留存、以无坝引水为特征的宏大的水利工程，属全国重点文物保护单位。都江堰附近景色秀丽，文物古迹众多，主要有伏龙观、二王庙、安澜索桥、玉垒关、离堆公园、玉垒山公园和灵岩寺等。

都江堰水利工程由创建时的鱼嘴分水堤、飞沙堰溢洪道、宝瓶口引水口三大主体工程和百丈堤、人字堤等附属工程构成。它科学地解决了江水自动分流、自动排沙、控制进水流量等问题，消除了水患，使川西平原成为“水旱从人”的“天府之国”。两千多年来，都江堰一直发挥着防洪灌溉的重要作用。截至1998年，都江堰的灌溉范围已达全省40余个县城，灌溉面积达到66.87万公顷。

都江堰

鱼嘴是修建在江心的分水堤坝，它把汹涌的岷江分隔成了外江和内江，外江排洪，内江引水灌溉；飞沙堰起着泄洪、排沙和调节水量的作用；宝瓶口则控制进水流量，因口的形状如瓶颈，故称宝瓶口。内江水经过宝瓶口流入川西平原灌溉农田，而从玉垒山截断的山丘部分则被人们称为“离堆”。

都江堰水利工程充分利用了当地西北高、东南低的特殊地理条件，根据江河出山口处特殊的地形、水脉、水势，乘势利导，无坝引水，自流灌溉，使堤防、分水、泄洪、排沙、控流相互依存，共为体系，保证了防洪、灌溉、水运和社会用水综合效益的充分发挥。都江堰建成后，成都平原沃野千里，“水旱从人，不知饥馑，时无荒年，谓之天府”，四川的经济文化也得到了很大的发展。其最伟大之处便是建堰两千多年来经久不衰，而且发挥着愈来愈大的作用。都江堰的创建，以不破坏自然资源以及充分利用自然资源为人类服务为前提，变害为利，使人、地、水三者高度协调统一在了一起。

都江堰工程至今仍在工作着。随着科学技术的发展和灌区范围的扩大，从1936年开始，人们逐步改用混凝土浆砌卵石技术，对渠首工程进行了维修、加固，还增加了部分水利设施，但古堰的工程布局和“深淘滩、低作堰”“乘势利导、因时制宜”“遇湾截角、逢正抽心”等治水方略并没有改变，都江堰水利工程成为世界上水资源利用的最佳典范。水利专家仔细观看了整个工程的设计后，都对它高度的科学水平惊叹不止。比如飞沙堰的设计就是很好地运用了回旋流的理论。这个堰，平时可以引水灌溉，发洪水时则可以排水入外江，而且它还有排砂石的作用，有时很大的石块也可以从堰上滚走。建造都江堰的当时没有水泥，这么大的工程都是就地取材，用竹笼装卵石作堰，费用较省，但效果却颇为显著。

冶金技术

新石器时代晚期，人类已经开始对金属进行加工和使用了，最先加工和使用的金属就是铜。人们对冶铜技术发明的具体过程曾作过种种推测，有人认为可能与森林失火有关，有人认为与火爆法取石有关，更多的则认为铜的冶炼是从熔铸夹杂铜矿的自然铜开始的。这些说法的共同点是他们都认为“焙烧”了矿石后，铜就会从矿石中还原出来。但从化学的角度来看，要把金属从矿石中还原出来，必须要具备两个基本的技术条件，即足够高的温度和足够强

的还原性气氛。而到新石器中晚期的时候，人们已经从制陶技术中掌握了一些高温技术以及火焰的气氛控制技术，所以实际上已经具备了发明人工冶炼金属的基本条件。

黄　铜

铜的冶炼过程包括采矿、冶炼、熔铸等主要工序。在采矿之前，首先要做的工作是探矿，《管子·地数篇》中载有古时探矿的知识。1974年科学家在湖北大冶铜绿山发掘出了春秋晚期规模颇大的采矿和冶铜遗址，可以看出当时人们是就地采集矿石并就地冶炼的。当时用于炼铜的主要矿石是孔雀石，主要燃料是木炭，因为木炭不仅是燃料，在冶炼中还可以起到还原剂的作用。

冶炼主要是在熔锅或熔炉中进行的。炼铜时，在炉内放置孔雀石和木炭，让木炭在里面燃烧，用吹管往里面送风，产生高温来熔化矿石，同时产生一氧化碳使铜析出。这种内熔法的冶炼温度较高，说明当时的冶铸技术已经达到了相当高的水平。这也是我国古代冶铸的一个显著特点。

冶炼青铜是在冶炼纯铜的基础上发展起来的，它经历了一个由低级到高级的发展过程。该过程可能是：开始，人们将铜矿石与锡矿石或含多种元素的铜矿石一起冶炼，这样获得的青铜成分不易控制；后来，人们采用先炼出铜，再加锡或铅矿石一起冶炼的方法。但锡矿石和铅矿石中的锡、铅含量不固定，仍不能从根本上解决问题；最后，发展到分别先炼出铜、锡、铅，再按一定的配比熔炼出青铜，这就能

青铜元鼎

保证得到符合预期配比、成分稳定的青铜。

我国先秦古籍《考工记》里记载的“六齐”说，是世界上最早的合金工艺总结。所谓六齐即为“六分其金（指铜）而锡居一，谓之钟鼎之齐；五分其金而锡居一，谓之斧斤之齐；四分其金而锡居一，谓之戈戟之齐；三分其金而锡居一，谓之大刃之齐；五分其金而锡居二，谓之削杀矢之齐；金锡半，谓之鉴燧之齐。”即使从今天的角度来看，这张青铜的比例表大体也还是合理的。因为青铜中锡的成分占15%~20%左右时，最为坚韧，多了则会逐渐变脆。而斧斤是工具，戈戟是兵器，都需锋利且要坚韧。随着锡含量的增加，青铜的颜色会发生变化，由赤铜色（红铜）经赤黄色、橙黄色，最后变为灰白色。钟鼎需要辉煌灿烂，故含锡七分之一，呈现美丽的橙黄色。

浇铸也是一项复杂的技术。浇铸一般的青铜器，只要将精炼好的青铜液倒入预先已布置好的合范（模具）中就成了。古时人们对那些较复杂的器具，大多数采用分铸技术，然后再按合而成。

虽铜冶炼已历经了漫长的发展过程，但直到现在世界各国仍以火法冶炼为主。火法冶炼的一般流程是：先将含铜百分之几或千分之几的原矿石，通过选矿提高到20%~30%，作为铜精矿，在密闭鼓风炉、反射炉、电炉或闪速炉进行造锍熔炼，产出的熔锍（冰铜）接着送入转炉进行吹炼成粗铜；再在另一种反射炉内经过氧化精炼

脱杂，或铸成阳极板进行电解，获得品位高达99.9%的电解铜。该流程简短、适应性强。铜回收率可高达95%等优点，缺点是因矿石中的硫会在造锍和吹炼两阶段作为二氧化硫废气排出，不易回收，容易造成空气污染。后来又出现了如白银法、诺兰达法等熔池熔炼以及日本的三菱法等，火法冶炼逐渐向连续化、自动化发展。另外，现代湿法冶炼技术也正在逐步推广，它的推出使铜的冶炼成本大大降低。

（1）铁 器

铁器是以铁矿石冶炼加工制成的器物。铁器的出现使人类历史迈出了划时代的一步。世界上最早进行人工炼铁的是居住在小亚细亚的赫梯人，年代约为公元前1400年左右。公元前1300年—前1100年，冶铁技术传入两河流域和古埃及，欧洲的部分地区于公元前1000年左右也进入了铁器时代。

中国从何时开始使用铁器的目前还尚不清楚。迄今为止，考古发现的最早的铁器属于春秋时代，其中多数发现于湖南省长沙地区。战国中期以后，铁器遍及当时的七国地区，在社会生产和生活的各个方面都有应用，并已在农业、手工业部门中占居了主要地位，楚、燕等地区的军队装备也基本上以铁制武器为主。战国时期的铁器还曾经由朝鲜传入日本。到西汉时期，应用铁器的地域更为辽阔，器类、数量显著增加，质量也有很大的提高。发展到东汉时期，铁器已最终取代

铁矿石

了青铜器。

根据科学家对出土的早期铁器进行的金相检验结果来看，中国的块炼铁和生铁可能是同时产生的。春秋末期到战国初期这段时间，是战国冶铁史上的一个重要发展阶段。此时早期的块炼铁已提高到块炼渗碳钢，白口生铁已发展为展性铸铁。至迟到西汉中叶，灰口铁、铸铁脱碳钢兴起，随后又出现生铁炒钢（包括熟铁）的新工艺。东汉时期，炒钢、百炼钢继续发展，到南北朝时杂炼生鍒的灌钢工艺问世。至此，具有中国特色的古代冶炼技术体系已基本建立。

其实，在人工炼铁以前，世界上许多文化发达较早的民族，也都有过利用陨铁制器的短暂历史。比如，在古埃及前王朝墓中，人们发现过陨铁管状小珠；第11王朝墓中，曾出土装以银柄的陨铁制护身符；在两河流域乌尔王墓也出土有陨铁碎片；美洲几个古文化中心都使用过陨铁制的箭头、小刀和工具。中国商代台西遗址和刘家河商墓中，也曾发现过刃部用陨铁锻制的铜钺。但陨铁是天体陨落的流星铁，它与人工炼铁的性质有本质的区别，陨铁制器与人工炼铁的发明没有必然的联系。

（2）金

金的拉丁文名称是Aurum，来自Aurora一词，意为“灿烂的黎明”，它的英文名称是Gold。其实，早在远古时代人类便已发现了金，金是人类历史上最早发现的金属。在古代，人们收集并应用黄金来制作生活器具。公元前3000年埃及人已开始采集黄金，并用

黄　金

它制作饰物。中国古代已经会用金与银的合金来做装饰品了。安阳殷墟出土的商代金箔厚度只有0.01毫米，对其考察证明在它加工过程中曾经退火处理过。

金在地壳中的含量虽然比较少，但分布却很广，通常没有开采价值。在自然界中，金绝大部分是以单质状态存在的，在许多河流的砂床上，它通常和砂子混合在一起；在一些岩石中，它又和岩石掺杂在一起，不易获得。最早人们收集自然界中的单质金加以熔融，但此方法的产量和质量都不甚理想。17世纪时，炼金术士制出了王水，他们利用王水溶解低品味的金矿，再用锌置换出黄金。直到近代化学的出现，人们才开始用氰化钠提纯黄金。金和银最早被人们用来制作装饰品，后来作为货币，这两种应用一直留传到今天。

武器火药

◆武　器

（1）剑

剑是中国古代用于近战刺杀和劈砍的尖刃冷兵器，分为剑身和剑柄两部分，剑身细长，两侧有刃，顶端尖而成锋；剑柄短，便于手握。剑常配有剑鞘。西周时期的青铜剑是中国最早的剑，以后随科学技术的发展出现了铁剑和钢剑。

越王勾践剑是中国春秋末期越王勾践所使用的一把青铜剑，铸造工艺已经达到了相当高的水平。它1965年12月出土于湖北省江陵县的楚墓，现藏于湖北省博物馆。剑长55.6厘米，宽5厘米，剑身有黑色花纹，材料为铜和锡，正面刻有“越王鸠浅自乍用剑”（“鸠浅”即“勾践”，“乍”即“作”）的铭文。该剑出土时置于黑色漆木剑鞘内，剑身光亮，无锈蚀，刃薄锋利。

（2）斧

斧是中国古代用于劈砍的格斗冷兵器。它由斧身和斧柄组成，斧身为石质、铜质或铁质，斧柄为木质。钺与斧形制相近，区别是钺形体薄、刃部宽且成圆弧形。钺主要是作为军权的象征，所以钺大多铸造精良，上刻有人面或兽面纹饰，形象狰狞而华美，给人一种威慑力。

1976年河南安阳殷墟妇好墓出土了4件青铜钺。其中一件大钺长39.5厘米，刃宽37.5厘米，重达9千克。钺上饰双虎扑噬人头纹，还有“妇好”二字铭文。该钺并非实战兵器，而是妇好统帅权威的象征物。妇好是商王武丁的妻子，也是中国古代最早的女将，曾率军征伐夷、羌、土等方国，战功卓著。

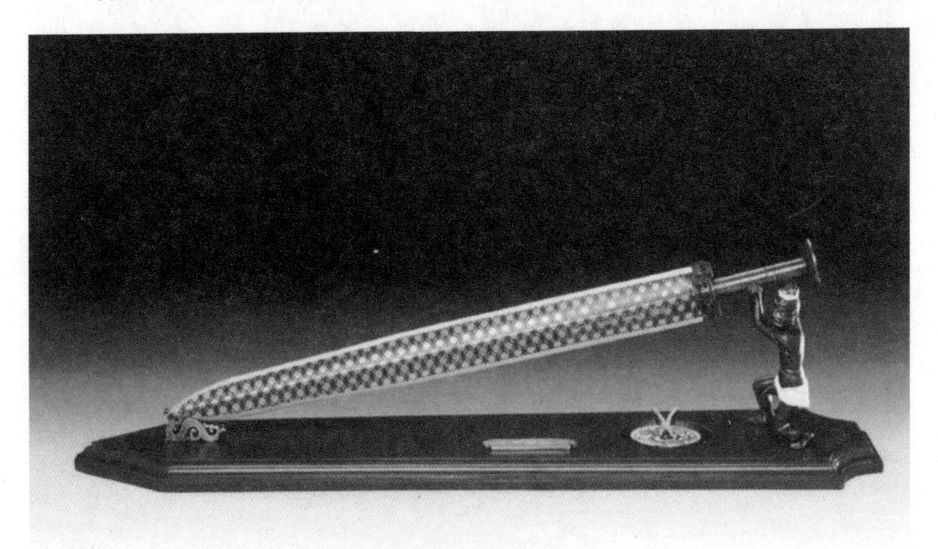

越王勾践自用剑

（3）矛

矛是中国古代用于直刺、扎挑格斗的冷兵器。它由矛头和矛柄组成，矛头多以金属制作，矛柄多采用木、竹和藤等材料制作，也有用金属材料的。矛长通常为1.8~2.7

米，有的可达4米多。矛头一般长40厘米，有的达80多厘米。早期的矛头为石头或兽骨所制，后随科学技术的发展出现了青铜和铁制矛头。

吴王夫差矛是中国春秋末期吴王夫差使用的一把青铜矛。它1983年11月出土于在湖北省江陵县的楚墓，仅存矛头，现藏于湖北省博物馆。该矛头为青铜铸造，长29.5厘米，宽5.5厘米。剑身有黑色花纹，材料为铜和锡，正面有“吴王夫差自乍（作）用”的铭文。吴王夫差矛刃锋利，其铸造工艺之精细为同类兵器中所少见。

（4）戟

戟是中国古代将矛和戈攻能合为一体的格斗用冷兵器。它由戟头和戟柄组成。戟头以金属材料制作，戟柄为木、竹质。戟最长可达3米多，既能直刺、扎挑，又能勾、啄，是步兵、骑兵使用的利器。早期的戟是青铜戟，后来随着科学技术的发展出现了铁戟。

（5）刀

刀是中国古代用于近距离砍和劈的单兵格斗冷兵器。它由刀身和刀柄两部分组成，刀身狭长，刃薄脊厚，刀柄或长或短。刀的种类有

吴王夫差矛

很多，有大刀、腰刀和环首刀等，是中国古代装备军队的主要兵器。早期的刀为石刀，后来发展为青铜刀、铁刀和钢刀。

“登州戚氏”军刀是中国明朝抗倭名将戚继光使用过的一把军刀。该刀通长89厘米，柄长16厘

匕 首

米。刀上部刻有“万历十年，登州戚氏”八个字，说明这把军刀是万历十年（公元1582年）戚继光任蓟镇总兵时铸造的。

（6）匕 首

匕首是一种短小似剑的冷兵器。它由刀身和刀柄两部分组成，长20~30厘米，有单刃和双刃之分。匕首短小易藏，从古至今一直是军队使用的冷兵器之一。

（7）戈

戈是中国古代用于钩杀和啄击的冷兵器。它由戈头和柄组成，戈头多为青铜铸造，柄多为竹、木制作，长度通常为1米左右，最长的超过3米。戈盛行于商代至战国时期。到了战国晚期，铁兵器使用渐多，青铜戈逐渐被淘汰，至西汉后期已绝迹。

（8）弩

弩是中国古代一种装有控制装置、可待机发射的远射兵器。它由弩弓、弩臂、弩机三部分组成，弩机由青铜或铁制成，包括牙、牛、悬刀三部分。汉代的弩在弩机外面加装了一个青铜机匣，称为“郭”，可以承受更大的张力。另外，汉弩在用于瞄准的“望山”上增设刻度，相当于现代步枪的标尺，提高了命中率。

（9）弓 箭

弓箭是中国古代以弓发射的具有锋刃的一种远射兵器。弓由弹性的弓臂和有韧性的弓弦构成；箭包括箭头、箭杆和箭羽。

箭头为铜或铁制，杆为竹或木质，羽为雕或鹰的羽毛。弓箭是中国古代军队使用的重要武器之一。

（10）战 车

战车是中国古代用于战斗的马车。一般为独辀（辕）、两轮、方形车舆（车箱），驾四匹马或两匹马。车上有甲士三人，中间一人为驱车手，左右两人负责搏杀。其种类很多，有轻车、冲车和戊车等。战车最早在夏王启指挥的甘之战中使用过。以后战争规模越来越大，战车成为了战争的主力，也是衡量一个国家实力的标准，如春秋时出现了“千乘之国”“万乘之国”。到了汉代，随着骑兵的兴起，战车逐渐退出了战争舞台。

1980年陕西临潼秦始皇陵西侧出土了一前一后纵置的两辆大型彩绘铜车。前面的一号车为双轮、单辕结构，前驾四马，车舆为横长方形，宽126厘米，进深70厘米，前面与两侧有车栏，后面留门以备上

古代战车

下。车舆右侧置一面盾牌，车舆前挂有一件铜弩和铜镞。车上立一圆伞，伞下站立一名高91厘米的铜御官俑，其名叫立车，又叫戎车、高车，乘车时立于车上。

（11）火 铳

火铳是中国元代及明代前期金属管状射击火器。火铳由前膛、药室和尾（上“巩”下“金”）组成。使用时点燃由药室引出的药线，引燃药室内的火药，借助火药燃气的爆发力将预装入前膛内的石弹或铁弹射出，杀伤敌人。火铳是中国元古代第一代金属管状射击火器，由铜和铁铸造而成，至迟出现于元代（约公元14世纪初），后普遍用于海战和陆战。战时使用的火铳有：单管手铳、多管三眼铳、五排铳、七星铳、十眼铳和大口径碗口铳（口径为100~120毫米）等。

（12）鸟 铳

鸟铳是中国明朝后期对火绳枪和燧发枪的统称。它由枪管、火药池、枪机、准星、枪柄等组成。使用时通过预燃的火绳扣动枪机，带动火绳点燃火药池内压实的火药，借助火药燃气的爆发力将枪管内铅弹射出，杀伤敌人。鸟铳最早为欧洲人所发明，明嘉靖年间由鲁密（今译鲁姆，位于今土耳其）传入中国，明朝廷开始仿制。最初仿制的鸟铳为前装、滑膛、火绳枪机，为近代步枪的雏形；口径约为9~13毫米，枪管长1~1.5米，全枪长1.3~2米，重2~4千克，弹重3~11克，射程150~300米，曾为明、清军队的主要轻型火器装备之一。

（13）佛朗机

佛朗机是中国明代中期出现的火炮。它由母铳和子铳构成，母铳身管细长，口径较小，铳身配有准星、照门，能对远距离目标进行瞄准射击。铳身两侧有炮耳，可将铳身置于支架上，能俯仰调整射击角度。铳身后部较粗，开有长形孔槽，用以装填子铳；子铳类似小火铳，每一母铳备有5至9个子铳，可预先装填好弹药备用，战斗时轮

明代佛朗机

流装入母铳发射，因而提高了发射速度。佛朗机为欧洲发明，明嘉靖元年（公元1522年）由葡萄牙传入中国，被称为“佛朗机”。嘉靖三年（公元1524年），明廷仿制成功第一批32门佛朗机，每门重约300斤，母铳长2.85尺，配有4个子铳。之后，明廷又陆续仿制出大小型号不同的各式佛朗机，用来装备北方及沿海军队。

◆ 火　药

火药是人类文明史上的一项杰出的成就，是中国四大发明之一。火药属于低爆速炸药的一类，是可以由火花、火焰等引起燃烧的一种药剂。在适当的外界能量作用下，火药自身能进行迅速而有规律的燃烧，同时可以产生大量的高温燃气，具有爆破或推动作用（使物体如弹丸以一定的速度发射出去），所以主要用作引燃药或发射药。在军事上主要用作枪弹、炮弹的发射药和火箭、导弹的推进剂及其他驱动装置的能源，是弹药的重要组成部分。根据火药燃烧时的不同性质，可分为有烟火药（燃烧时发烟，如黑色火药）和无烟火药两类。

火药最早是由中国人发明的。火药的研究始于古代炼丹术，从战国至汉初，帝王贵族们一直沉醉于神仙长生不老的幻想，所以驱使一些方士道士为他们炼制“仙丹”，在炼制过程中偶然发明了火药的配方。唐高宗永淳元年（公元682年）唐代炼丹家首创了硫磺伏火法，即用硫磺、硝石，研成粉末，再加皂角子（含炭素）。唐宪宗元和三年（公元808年）又创状火矾法，用硝石、硫磺及马

黑火药

兜铃（含炭素）一起烧炼。这两种配方，都是把三种药料混合起来，其实已经初步具备火药所含的成分。

火药最初并非是使用在军事上的，而是应用于在宋代诸军马戏的杂技演出，以及木偶戏中的烟火杂技——如药发傀儡等，宋代演出“抱锣”“硬鬼”“哑艺剧”等杂技节目运用了当时刚刚兴起的火药制品“爆仗”和“吐火”等，以制造出神秘的气氛。同时，宋人也会以火药表演幻术，如喷出烟火云雾以遁人、变物等，创造了神奇迷离的特殊效果!

（1）铁火炮

铁火炮又称震天雷，是指中国宋元时期的军队中用作军队装备的铁壳爆炸火器，其外壳通常由生铁铸成，内装火药，并留有安放引线的小孔。引线点燃后，火势蔓延至壳内，火药便在相对密闭的铁壳内燃烧，产生高压气体，进而使铁壳爆碎，达到伤人的目的。铁火炮威力巨大，能震动城壁，被广泛应用于攻守城池、水战和野战。后来的地雷、水雷和爆炸性炮弹等火器都是以铁火炮为基础研制而成的。

（2）火 球

火球又称火药弹，是一种球状的可抛掷的古代火器，出现于中国宋代初期。制作火球时先将含硝量低、燃烧性能好的黑火药团和成球状，有时还在其中掺入有毒或发烟物质，然后用纸、麻或薄瓷片将火药团包裹数层，再在其表面涂满油脂，以防潮和助燃。使用时，将火球引燃，而后将其抛向敌军，以其燃烧产生的火焰或毒烟杀伤敌军。

（3）火 枪

火枪是中国古代用竹竿或纸做枪筒的火器。宋朝时期，有人用竹筒做枪身，内装火药和弹丸，制造出了突火枪。这种火枪被认为是人类已知最早的能发射子弹的管状射击武器。到了元朝，火枪的竹管制的枪管被换成了生铁管，火药配比

也进行了调整，弹丸的威力大大增加，火枪的威力、射程、耐久度有了很大程度的提高。

（4）猛火油柜

猛火油柜是中国古代的一种喷火器具。自火药应用于军事作战后，用于喷火的猛火柜便开始出现在军队装备中。据《武经总要》记载，猛火柜以猛火油为燃料，用熟铜制成柜，柜有4脚，上有4个铜管，管上横置唧筒，与油柜相通。唧筒前部为内装引火药的“火楼”。使用时，烧红的烙锥点燃“火楼”中的引火药，然后用力抽拉唧筒，向油柜中的空气施压，进而使猛火油从“火楼”喷出时燃成烈焰，以烧伤敌军，毁其装备。

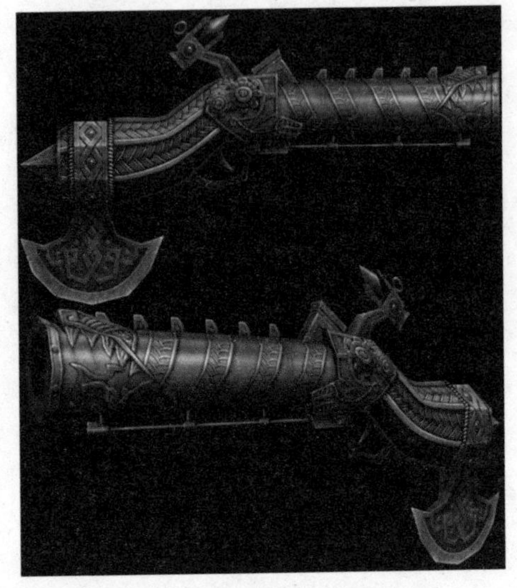

火　枪

天文地震

◆ 地震仪

地震仪是一种监视地震的发生，记录地震相关参数的仪器。公元132年，我国汉朝的科学家张衡就发明并制成了世界上最早的“地震仪”——地动仪。

这架仪器是用铜铸成的，形状像一个酒樽，四周有八个龙头，龙头对着东、南、西、北、东南、西南、东北、西北八个方向。龙嘴是活动的，各自都衔着一颗小铜球，每一个龙头下面，有一个张大

了嘴的铜蛤蟆，仪器的内部中央有一根铜质“悬垂摆”，柱旁有八条通道，称为“八道”，还有巧妙的机关。当某个地方发生地震时，悬垂摆拨动小球通过“八道”，触动机关，使发生地震方向的龙头张开嘴，吐出铜球，落到铜蟾蜍的嘴里，发出很大的声响。于是人们就可以知道地震发生的方向。公元134年的甘肃西南部的地震试验，完全证实了地动仪检测地震的准确性。它比欧洲创造的类似的地震仪早了1700多年。可惜的是东汉地动仪早已失传，现在我们看到的地动仪都是后人根据史籍复原出来的。

但是由于地动仪只是记录了地震的大致方向，而非记录地震波，所以它实际上相当于是验震器，并非真正意义上的地震仪。

◆ 天文望远镜

1608年，荷兰眼镜商人李波尔赛偶然发现用两块镜片可以看清远

地动仪

处的景物，受此启发，他制造出了人类历史上第一架望远镜。天文望远镜是观测天体的重要手段，可以说，没有望远镜的诞生和发展，就没有现代天文学。随着望远镜各方面性能的改进和提高，天文学也得到了巨大的飞跃，推动着人类认识宇宙的进程。

1609年，伽利略制作了一架口径4.2厘米，长约1.2米的望远镜。他是将凸透镜作为物镜，凹透镜作为目镜的，以后人们便将这种光学系统称为伽利略式望远镜。伽利略用这架望远镜观察天空，得到了天文学史上的一系列重要发现，天文学从此进入了望远镜时代。1611年，德国天文学家开普勒用两片双凸透镜分别作为物镜和目镜，使放大倍数有了明显的提高，以后人们将这种光学系统称为开普勒式望

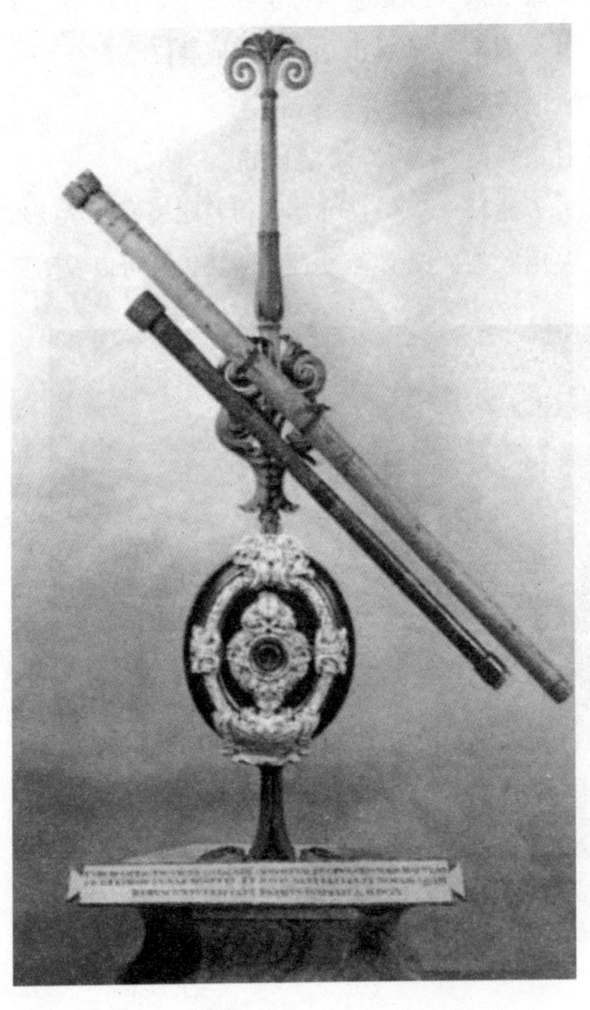

伽利略望远镜

远镜。现在人们用的天文望远镜采用的还是开普勒式。

但当时的望远镜有一点不足，因为是采用单个透镜作为物镜，所以存在很严重的色差。而为了获得好的观测效果，就需要用曲率非常小的透镜，这就必然会造成镜身的加长。所以在很长的一段时间内，天文学家一直在梦想制作更长的望远镜，但多次尝试均以失败告终。

◆ 折射望远镜

1757年，杜隆通过研究玻璃和水的折射和色散，建立了消色差透镜的理论基础，并用冕牌玻璃和火石玻璃制造了消色差透镜。从此，消色差折射望远镜完全取代了长镜身望远镜。但是，由于技术方面的限制，较大的火石玻璃很难铸造，因而在消色差望远镜的初期，最多只能磨制出10厘米的透镜。

19世纪末，随着制造技术的提高，制造较大口径的折射望远镜的可能越来越大，随之出现了一个制造大口径折射望远镜的高潮。世界上现有的8架70厘米以上的折射望远镜中有7架都是在1885年到1897

折射望远镜

年期间建成的，其中最有代表性的是1897年建成的口径102厘米的叶凯士望远镜和1886年建成的口径91厘米的里克望远镜。

折射望远镜的优点是焦距长，底片比例大，对镜筒弯曲不敏感，最适合于做天体测量方面的工作。但是它也有一定的缺点：总是有残余的色差，同时对紫外、红外波段的辐射吸收很厉害。而巨大的光学玻璃浇制也十分困难，到1897年叶凯士望远镜建成，折射望远镜的发展达到了顶点，此后的这一百年中再也没有更大的折射望远镜出现。这主要是因为从技术上无法铸造出大块完美无缺的玻璃做透镜，并且，由于重力的作用，大尺寸透镜的变形会非常明显，因而使其丧失了明锐的焦点。

第二章

发展迅速——近代发明

科技发明到近代，技术水平已经有了很大的提高。人们开始有目的地进行一些发明创造活动，比如为了提高生产效率，蒸汽机应运而生，加速了工业化进程。而随着蒸汽机的广泛应用，近代的交通开始有了飞速的发展。火车、汽车以及飞机的发明，使交通变得越来越便利，也使人们的交流变得更加方便。在近代电学发明应用方面最重要的有：1876年爱迪生发明的留声机，同年贝尔电话诞生，1897年马科尼发明了无线电。之后无线电取得了长足的进步，为世界通讯事业开辟了新纪元。1928年美国改选大总统，共和党和民主党的候选者都以无线电发表他们的政见，使美国全国人民从这两位候选者亲口所说的从政方针来决定投谁的票。所以，近代无线电的发明和中世纪纸的发明一样重要。

动力“组合”

◆ 蒸汽动力

近代蒸汽动力技术产生的主要原因是当时的社会生产的直接推动和实验科学的长期孕育这两个因素。英国资产阶级革命为资本主义的发展扫清了道路，工厂手工业的迅速发展和迫切的社会需要促使了早期蒸汽机的问世。在16世纪末和17世纪初，包尔塔进行了蒸汽压力实验，托里拆利和巴斯噶等人进行了大气压力实验，后来格里凯进行了真空作用实验。这三大实验基础的相继形成，使得人们能够开始从实验角度认识蒸汽、大气和真空三者之间的相互作用。而这些重大的实验成果也为早期蒸汽动力技术的产生奠定了牢固的实验科学基础。

虽然水力革命是工业革命开始的先导，但是蒸汽动力的发明却是使英国科技领先世界上其他国家的主要推动力。蒸汽动力的发明要归功于三位伟大的科学家：托马斯纽科姆、詹姆斯瓦特、理查德特里维西克。

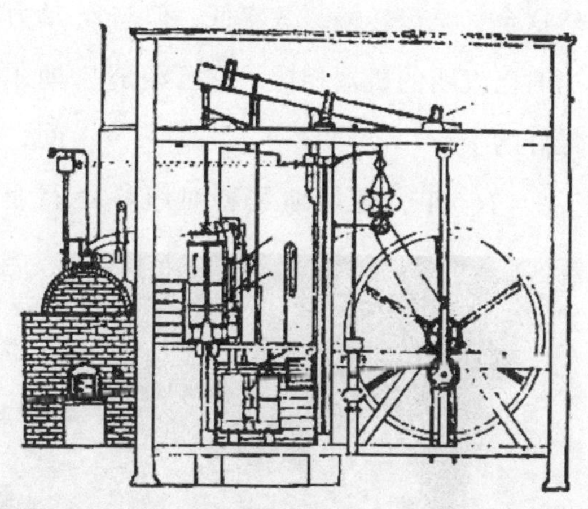

瓦特蒸汽机模型

托马斯纽科姆（1663—1729年）是一个铁匠，是他发明了蒸汽引擎。蒸汽引擎的工作原理是：蒸汽通过一个汽缸，遇喷出的冷水而凝结，汽缸内形成真空；汽缸再利用大气压力向下压住一个活塞。1712年，在与1698年已获得气泵发明专利权的托马斯萨弗里的合作中，纽科姆与他的另一个合作者约翰凯利制造出了第一台蒸汽机。虽然这台气泵运转慢，效率低，但与当时已发明的机器相比，它已经是最好的了。

1765年，詹姆斯瓦特对纽科姆的蒸汽机模型进行了改进。针对纽科姆的蒸汽机效率低这一弊端，瓦特在上面安装了一个可通过阀门连接汽缸的独立的冷凝器。虽然在1769年瓦特就已经为他的汽缸申请了专利，但是直到几年以后，他才把它应用到实际中去。尽管瓦特的蒸汽机最初只用于抽出矿井里的水，在后来不到二十年的时间里，它已经成为几乎所有其他机器里的动力装置。1773年，瓦特与马修斯博尔顿合作，1775年到1800年期间，他们已垄断了整个蒸汽机制造行业，英国在1800年前安装使用的蒸汽机几乎都是他们的产品。可以说，在工业革命给人们的生活水平所带来的提高中，瓦特蒸汽机起到了主要作用。冷凝器专利权中已包括了对高压蒸汽的使用，但是，瓦特由于害怕锅炉和管道爆炸，所以他没有再继续

蒸汽火车

开发研制蒸汽机。1800年，瓦特的专利权到期了。理查德特里维西克（1771—1833年）把他制造的高压蒸汽机公布于世，他还建造了几辆完全靠蒸汽推动的货车。在19世纪刚开始的十年中，他还发明了专门用于从矿井运煤和矿石的蒸汽火车。

由于社会生产对瓦特蒸汽机的需求量越来越大，使得以蒸汽机的制造为主体的机器制造业也随之快速发展起来。自此之后，车床、刨床、钻床、磨床等各种机床制造工业以及纺织、采矿、冶金、运输等各种工种工作机的制造业也相应发展起来。以农业机械为例，在18世纪末和19世纪初，英国的许多大农场中就相继出现了播种机、收割机、打谷机、割草机等多种农业机械。尽管这些农业机械都是以人力或畜力为动力的，但它们却是瓦特蒸汽机在推动第一次工业革命的深入发展中结出的技术果实。这说明，第一次工业革命的风暴不但在工业领域产生了巨大的影响，而且也很快地波及到了工业以外的其他领域。

另外，在科学技术和生产关系上，瓦特蒸汽机的发明也起到了相当重要的作用。瓦特蒸汽机的发明第一次大规模地把热能转变为机械能，这就直接推动了科学、热力学和能量转化方面的基础理论研究，同时也推动了纺织、采矿、冶金、机械等各类技术科学的发展。瓦特蒸汽机的发明，也为生产关系的革命提供了有力的杠杆。自此之后，由于机械大工业的迅速发展，社会日益分成两大明显对立的阶级：无产阶级和资产阶级。机器大工业将无产阶级一次又一次抛向街头，无产阶级革命也就一次又一次发生，从而把西欧一些主要资本主义国家推向了一个新的社会发展阶段。

◆ 电力动力

现代电力工业始于19世纪80年代，由煤气和电子碳精电弧商业和街道照明系统发展而来。1882年9月4日，第一个商业发电站在曼哈

顿的帕尔街正式投入运营，开始向一平方英里内的用户提供电力和照明，从此开启了电气时代。爱迪生的帕尔街发电站引进了4个现代电力工业系统的主要要素，即可靠的中央发电、高效的电力分配、成功的最终用途以及有竞争力的价格。帕尔街发电站是当时高效的一个典范，它只使用了煤气照明三分之一的燃料，发一度电仅需燃烧掉约10磅煤，实现了约等于每度13.8万Btu的“热比率”。

一开始，帕尔街发电站可为59个用户供电，价格为每度24美分。19世纪80年代，电力需量从主要的晚间照明上升到24小时日常用电，紧接着急剧增长至交通运输和工业生产。到90年代末，美国各大城市基本上都分布有小型中心电站，但是由于直流电的传输无效，所以一般每个城市只限几个区拥有电站。而20世纪出现的大规模电力系统是人类工程科学史上最重要的成就之一，它是由发电、输电、变电、配电和用电等环节组成的电力生产与消费系统。它将自然界的一次能源通过发电动力装置转化成电力，再经输电、变电和配电将电力供应到各用户。

风力发电站

产生电力的方式有：火力发电（煤）、太阳能发电、大容量风力发电技术、核能发电、氢能发电、水利发电、垃圾焚烧发电等。

◆ 燃气机

通过燃烧天然气或人工煤气产生的动力，可用于推动汽车及轮船行走和驱动发电机发电。它的优点

在于它比柴油机或汽油机更加清洁、环保，可以取代柴油机和汽油机，现广泛应用于公共交通、油田发电等领域。

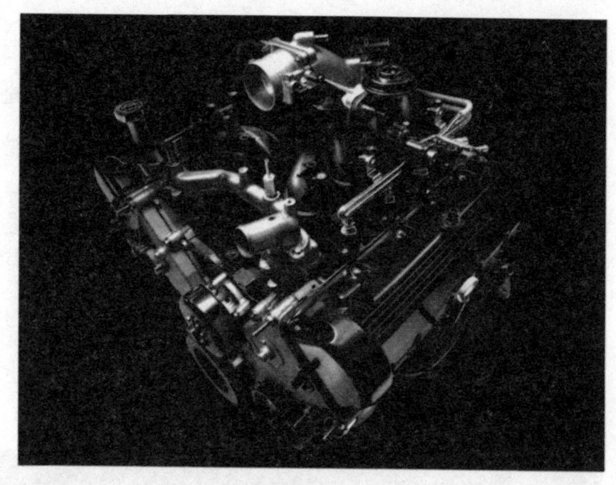

内燃机

通过涡轮驱动的属于外燃机，而通过曲柄驱动的属于内燃机。

燃气机提供了治理和利用热能、为机械供给推动力的手段。因而，它结束了人类对畜力、风力和水力由来已久的依赖。在瓦特改进蒸汽机之前，整个生产所需动力都要依靠人力和畜力。但伴随着蒸汽机的发明和改进，工厂不再需要依河或溪流而建，很多以前依赖人力与手工完成的工作自蒸汽机发明后都被机械化生产所取代。工业革命是一般政治革命无法比拟的一种巨大变革，其影响范围涉及人类社会生活的各个方面，使人类社会发生了巨大的变革，对人类的现代化进程起到了不可替代的推动作用，把人类推向了崭新的蒸汽时代。

◆ 核动力

核动力利用可控核反应来获取能量，从而得到动力、热量和电能。因为核辐射问题，现在人类还只能控制核裂变，所以核能暂时未能得到大规模的利用。利用核反应来获取能量的原理是：当裂变材料（例如铀-235）在受人为控制的条件下发生核裂变时，核能就会以热的形式被释放出来，这些热量会被用来驱动蒸汽机。第一个成功的核裂变实验装置是在1938年的柏林由德国科学家奥托·哈恩，莉泽·迈特纳和弗瑞兹·斯特拉斯曼制成的。现在世界各国军队中的大部分潜艇及航空母舰都以核能为动力，同时，核能每年提供人类获得的所有能量的7%，或人类获得的所有电能中的15.7%。

在第二次世界大战中，一些国家一直致力于研究核能的利用，它们首先研究的是核反应堆。

芝加哥大学

1942年12月2日，恩里科·费米在芝加哥大学建成了第一个完全自主的链式核反应堆，在他的研究基础上建立的反应堆被用来制造了轰炸了长崎的原子弹“胖子”中的钚。在这个时候，一些国家也在研究核能，它们的研究重点是核武器，但同时也进行民用核能的研究。1951年12月20日人类首次用核反应堆产生出了电能，这个核反应堆位于爱达荷州Arco的EBR-I试验增殖反应堆，它最初向外输出的功率为100千瓦。

核能是一种储量充足并被广泛应用的能量来源，而且如果用它取代化石燃料来发电的话，温室效应也会减轻。国际间正在进行对于改善核能安全性的研究，科学家们同时还在研究可控核聚变和核能的更多用途，比如说制氢（氢能也是一种被广泛提倡的清洁能源）、海水淡化和大面积供热等等。

核动力的威力超乎寻常，因此人类要合理利用，才能给人类带来福音，使用不当则会给人类带来灭顶之灾。

近代交通

◆ 自行车

自行车是人力脚踏驱动的两轮车，又称脚踏车、单车。因为它具有无噪声、无污染、自重轻、结构简单、造价低、使用维修方便等优点，所以广泛应用于交通代步、运载货物、体育锻炼和竞赛等。1818年，德国的德赖斯发明了一种木制、带车把、双脚蹬地行驶的双轮自行车；1839年，苏格兰的麦克米伦制成了由曲柄连杆机构驱动后轮的、用脚蹬踏板行驶的铁制自行车；1861年，法国的米肖父子发明前轮大、后轮小、在前轮上装有曲柄和能转动踏板的自行车，并于1867年在巴黎博览会上展出，曾一度掀起自行车热。

人们对自行车结构也进行了多次改良：1869年，英国的W.F.雷诺采用辐条拉紧轮辋，用钢管制成车架，并在轮辋上安装实心橡胶带，减轻了自行车的重量；1874年，英国的H.J.劳森在自行车上采用链条传动机构；1886年，英国的J.斯塔利在自行车上安装车闸，使用滚子轴承，将钢管组成菱形车架并使前后轮大小相同；1888年，英国的J.B.邓洛普成功地将充气轮胎应用在自行车上，显著地提高了自行车的骑行性能。此后，自行车的结构不断改进，性能逐步提高，使用越来越广泛。

◆ 摩托车

1885年，德国人戈特利伯·戴姆勒将一台发动机安装到了一台框架的机器中，于是世界上第一台摩托车就这样诞生了。因此，德国人戈特利伯·戴姆勒是摩托车发明者。摩托车分两轮和三轮两种车型，每种车型按发动机汽缸工作容积再细分为若干等级。摩托车属于机器，而与摩托车相关的摩托车运动则是一项体育项目。摩托车运动按竞赛形式可分为越野赛、多日赛、公路赛、场地赛和旅行赛等项目，以行驶速度或驾驶技巧来评定名次。

摩托车

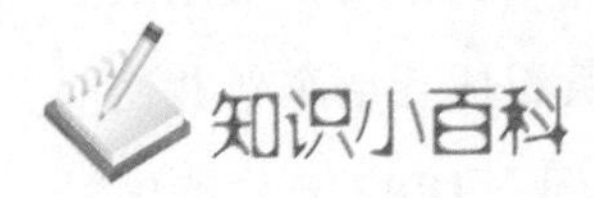

国外摩托车历史

（1）美 国

美国是最早制造摩托车的国家之一，著名的公司有哈雷-戴维森和印第安等。

哈雷摩托现已成为怀旧时代的一个标志。1907年，哈雷-戴维森公司制造出了第一台V型双缸发动机，与传统的单缸发动机相比，这台V型双缸发动机能为摩托车提供两倍的动力。这种样式的发动机在美国80多年的摩托制造史里，一直占据着绝对统治的地位。20世纪30年代，哈雷摩托的销售额居美国本土的榜首；到了40年代，哈雷摩托受到了重量更轻、速度更快的英国车的挑战；60年代初，小排量的日本摩托车大量涌入美

国市场；1969年，哈雷公司和美国机械与铸造公司合并，强化了资本和资源市场；80年代末，哈雷摩托车全面振兴，它所生产的每一辆摩托都是质量的保证。

印第安公司也曾经经历过非常辉煌的时期。1899年，工程师奥斯卡·海德制造了一台机动两轮车，由此开始了印第安公司的摩托制造史。很长一段时间内，印第安公司都以亮丽的色彩、卓越的性能征服诸多买家，但后经几易其主及一些目光短浅的投资行为而逐渐衰败，并最终于20世纪50年代结束了它的历史使命。

（2）日　本

毫无疑问，日本是亚洲现代工业的龙头，其中也包括摩托车制造业。本田、铃木、雅马哈、川崎是日本最著名的四家摩托车制造公司。日本摩托车制造业的开端可追溯到20世纪初，但真正形成规模还是在二战以后。由于战争的灾难，日本金融陷入了一片混乱，公共交通毫无秩序可言，市场急需廉价、方便的个人交通工具。在这样的背景下，以本田公司为代表的一批公司应运而生。本田公司1959年已开始向海外出口摩托车，铃木、雅马哈、川崎紧随其后。当时，日本本土市场四大公司竞争激烈，这又促使各家公司在新车型设计制造及市场营销上狠下功夫，以求能迅速占领世界市场。在日本摩托业迅速发展的同时，那时世界上最成功的英国生产商却还在原地踏步。1961年，本田公司推出了一款CB750，成功攻破了英国制造商一直坚守的大型摩托市场，这标志着日本摩

雅马哈摩托车

托车时代的到来，同时也为其第一档市场提供了合适配置的摩托车，本田公司发展成为世界上最大的摩托车生产公司。

日本摩托车的特点是外形美观、驾驶舒适，对一些细节的处理非常细致、周到。如在日本摩托车中，指示灯、变速器、电起动器、顶置凸轮轴发动机等都属于标准配备，甚至在125毫升排量的车上也是如此，这些都让买主惊喜不已。

（3）德　国

德国是摩托车的发源地，最为我们熟知的就是BMW。一直以来BMW摩托都以精良的制造工艺和昂贵的价格闻名于世，然而宝马公司在初创之时，只是生产飞机发动机的，著名的蓝白相间螺旋桨形图案证明了这一点。从1921年开始，宝马开始生产摩托双缸发动机；1923年，BMW飞机的设计者马科斯·弗里兹揭开了生产摩托车整车的序幕。500毫升的发动机安装在车架内，气缸向两边伸出，这种简单而高效的设计方案至今仍被广泛使用。有人说在汽车销售领域有一个市场法则，一款车是否好销售，看德国人对它的反应就知道了，这一法则在摩托车市场也同样适用。宝马以其超凡的品质享誉世界，它的摩托车是许多国家国宾礼仪车队选用的开道车型。

（4）中　国

1951年8月，我国正式开始自行试制、生产摩托车，由当时的中国人民解放军北京汽车制配六厂完成了5辆重型军用摩托车的试制任务，并由中央军委命名为井冈山牌。该车车速最高可达每小时110千米。到1953年，井冈山牌两轮摩托车年产量突破1000辆。井冈山牌摩托车的问世，开辟了我国摩托车工业的新纪元。

几十年来，我国摩托车工业高速发展。摩托车产量逐年增加，其制作工艺水平也在不断提高，摩托车已成为我国国民经济支柱产业——汽

车工业中的重要组成部分。中国摩托车工业经过半世纪的风雨沧桑，已形成了比较完善的生产、开发、营销体系，有相当一部分独立自主的知识产权，有一批名牌产品覆盖市场。特别是改革开放以来，摩托车工业迅速崛起。经过起步、发展、整合、重组，风雨兼程、跌宕起伏的艰难历程，经过摩托车工业战线的努力拼搏，中国现已跻身世界摩托车生产大国的行列。

◆ 汽　车

1886年，德国的卡尔·奔驰制造出了世界上第一辆以汽油为动力的三轮汽车，并于同年1月29日立案获得专利。因此，1月29日被公认为世界汽车诞生日，1886年也被定为世界汽车诞生年。

该车装有卧置单缸二冲程汽油发动机，785毫升容积，0.89匹马力，每小时行驶15千米。该车前轮小，后轮大，发动机置于后桥上方，动力通过链和齿轮驱动后轮前进。该车已具备了现代汽车的一些基本特点，如电点火、水冷循环、钢管车架、钢板弹簧悬挂、后轮驱动、前轮转向和制动手把等，其齿轮齿条转向器是现代汽车转向器的鼻祖。当时，由于该车的性能还未完善，发动机工作时噪音很大，而传递动力的链条质量不过关，常常发生断裂，因而在汽车经过的道路上，人们经常看见的是人推车而不是人坐车。在那个以马车为主要交

卡尔·奔驰

通工具的时代，汽车经常受到人们的嘲笑，被斥为无用的怪物。奔驰的夫人贝瑞塔·奔驰为了回击社会舆论的讥讽，于1888年8月带领两个儿子驾驶着经过奔驰反复改进的汽车从曼海姆出发，途经维斯洛赫添油加水，直驶普福尔茨海姆，全程144千米。这次历史性的试验为汽车的发展做出了巨大贡献。

汽车自诞生以来，已经风风雨雨的走过了一百多年。卡尔·奔驰造出的第一辆三轮汽车速度只有每小时18千米，发展到现在，竟然诞生了只需要三秒钟多一点就可以从速度为零加速到100千米/小时的超级跑车。这一百年里，汽车发展的速度惊人；同时，汽车工业也造就了多位巨人，他们一手创建了通用、福特、丰田、本田这样一些在各国经济中都占据了举足轻重地位的著名公司。如今，汽车不仅已经成为我们生活中不可缺少的一部分，而且更是社会进步的一个重要标志。

奔驰跑车

汽车世界的四大天王

汽车世界的四大天王是：奥迪的“好喜”，宝马的“劳斯莱斯”，奔驰的“迈巴赫”和大众的“本特利”。这些车的一个共同特征就是都只卖给有一定社会身份和地位的人。奔驰的迈巴赫不仅车身最长，在德国人心中的地位也最高，几乎从有汽车以来，它的名字就代表着极至的豪华。

为什么大公司都要有自己的天王巨星呢？忽略其他原因，只从客户购车心理来分析的话，俗话说萝卜青菜各有所爱，每个人都喜欢根据经验来选择某些品牌的汽车：开奔驰C级车的人更有钱后会买S级，开S级的人要是又“发大财”了以后，如果没有迈巴赫，他也可能去买劳斯莱斯或其他品

宝马Z4

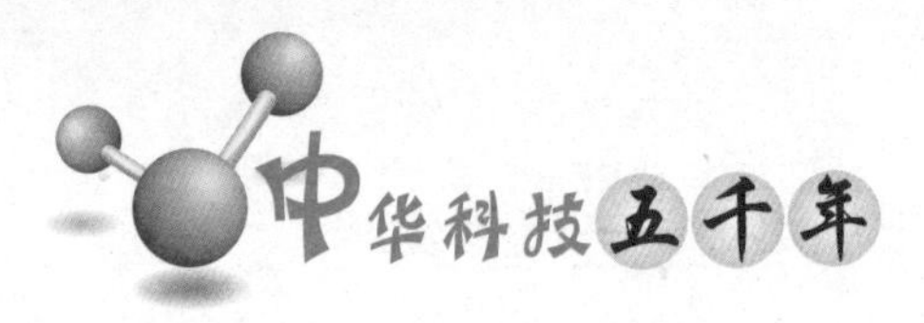

牌。奔驰S级汽车每年销售数万辆，如果这些客户中有百分之一的人“发大财”了，那么就需要数百辆迈巴赫，其盈利与卖数万辆小型车的盈利相当；同理，开奥迪A3或A4的人更有钱后多数是换奥迪A6或A8，那么A8的人要是又“发大财”了呢？如果没有更好的奥迪，他只能去买其他品牌；开宝马3系5系的人更有钱后肯定是换宝马7系。那如果没有比7系更高级的宝马的话，这笔损失是不可想象的，所以为了避免损失，宝马最终收购了劳斯莱斯。

◆ 火　车

世界上第一列真正在铁轨上行驶的蒸汽火车是由康瓦耳的工程师查理·特里维西克所设计的。这是一台单一汽缸蒸汽机，能牵引5辆车厢；这台机车没有驾驶室，机车行驶时，驾驶员跟在车旁边走边驾驶。它有四个轮胎，试车的时候，空车时速20千米，载重时速为8千米（相当于人快步行走的速度）。但不幸的是这台火车的重量最后还是把铁轨压垮了。因为当时使用的燃料是煤炭或木柴，所以人们都叫它“火车”，这个名字也一直沿用至今。

蒸汽机车

最早使用燃煤蒸汽动力的燃煤蒸汽机车有一个很大的缺点，那就是必须在铁路沿线设置加煤、水的设施，还要在运营中耗费大量时间为机车添加煤和水。这些都是很不经济的，于是在19世纪末，许多科学家都开始转向研究电力和燃油机车。1879年，德国西门子电气公司研

制了第一台电力机车，重约954千克，但也只在一次柏林贸易展览会上做了一次表演。1903年10月27日，西门子与通用电气公司研制的第一台实用电力机车投入使用，时速可达200千米。

1894年，德国研制成功了第一台汽油内燃机车，并将它应用于铁路运输，开创了内燃机车的新纪元。但这种机车烧汽油，耗费太高，不易推广。1924年，德、美、法等国成功研制了柴油内燃机车，并在世界上得到广泛使用。1941年，瑞士成功研制出了新型的燃油汽轮机车，这种机车以柴油为燃料，且结构简单、震动小、运行性能好，因而，为工业国家所普遍采用。

20世纪60年代以来，各国都在大力发展高速列车，例如法国巴黎至里昂的高速列车，时速到达260千米，日本东京至大阪的高速列车时速也达到200千米以上。但这样的高速列车仍不能满足人们的要求，法国、日本等国率先开发了磁悬浮列车，中国也在上海修建了世界第一条商用磁悬浮列车线，这种列车悬浮于轨道之上，时速可达400~500千米。

铁　路

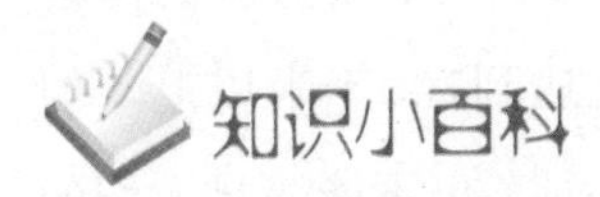

火车与地铁的区别

由于外形很像，所以很多人会把火车与地铁混淆起来，真正清楚地知道火车与地铁区别的人为数并不多。其实它们的区别主要在以下几个方面：

（1）地铁普遍采用的是整体无砟道床，铁轨被直接焊在道床上，连接处用鱼尾板扣好，轨重一般不超过30千克/米；而目前中国的国铁采用的多为路砟道床加混凝土路枕或木质路枕，轨重可高达60千克/米。

（2）无枕木铁道是城市轨道交通的主流趋势，但是它只适合较轻的车厢；这种铁道并不适用于我国客货混跑的国铁干线，因为它承受不住货车的重量。

（3）因为是从建设成本角度来考虑的，所以现在的地铁线路的设计思路基本上是市区内走地下，市区外走地面或者高架，这一点并没有特别的规定；而铁路的线路则一般设于郊区等地，而且都在地面上。

（4）动力方面，地铁因为通风问题都是电力动车组，而火车则是电力内燃并用。控制方式基本相同。

除了以上这几种区别之外，地铁的轨距和国铁火车的轨距是相同的——至少在中国是这样的（其他大多数国家也是一样的，只有个别国家不同），都是1435毫米。

◆飞　机

飞机是人类在20世纪取得的最重大的科学技术成就之一，有人将它与电视和电脑并列为20世纪对人类影响最大的三大发明。关于世界上最早的飞机到底是由谁发明的这个问题，各国一直存在争议：法国人认为，世界最早的飞机是由法国人克雷芒·阿德尔发明并于1890年10月9日在法国试飞成功的；而美国人认为飞机的发明者是美国的莱特兄弟，并于1903年12月17日在美国试飞成功；巴西人则认为是巴西人阿尔贝托·桑托斯·杜蒙特最先发明了飞机，他们认为1906年10月12日桑托斯·杜蒙特的“14bis”飞机成功地飞至了60米高空。这是世界上第一次真正意义上的成功的动力飞行，之前的那些飞行都并没有达到真正意义上“飞”的标准。

莱特兄弟

◆火　箭

火箭最早起源于中国，是中国古代的重大发明之一。古代中国火药的发明与使用，为火箭的问世创造了条件。北宋后期，民间流行的能升空的“流星”（后称“起火”）已经应用到了火药燃气的反作用力。从其工作原理来看，“起火”一类的烟火就是世界上最早的用于玩赏的火箭。

南宋时期，出现了军用火箭。到了明朝初年，军用火箭已发展得相当完善并广泛应用于战场，被称为“军中利器”。明代初期兵书《火龙神器阵法》和明代晚期兵书

《武备志》以及其他有关的中外文献中，均详细记载了中国古代火箭的形制和使用情况。仅《武备志》一书便记载了20多种火药火箭，其中的“火龙出水”已是后来二级火箭的雏形了。中国火箭传到欧洲之后，曾被作为军队的装备。但早期的火箭射程近，射击散布太大，逐渐被后来兴起的火炮所取代。第一次世界大战后，随着技术的进步，各种火箭武器又迅速发展起来，并在第二次世界大战中显示了其威力。

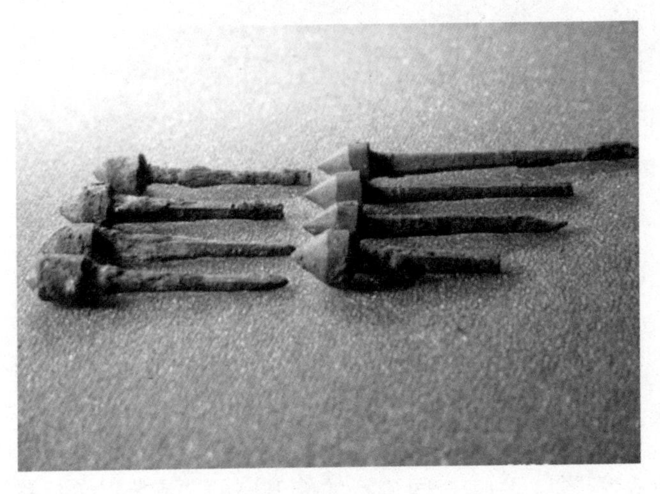

战国时候的火箭头

19世纪末20世纪初，液体燃料火箭技术开始兴起。1903年，俄国科学家齐奥尔科夫斯基提出建造大型液体火箭的设想和设计原理。1926年，美国火箭技术科学家戈达德试射了第一枚无控液体火箭。1944年，德国首次将有控弹道式液体火箭V-2用于战争。第二次世界大战后，苏联和美国等国家相继研制出包括洲际导弹在内的各种火箭武器和运载火箭。在发展现代火箭技术方面，德国工程师布劳恩、苏联科学家科罗廖夫和中国科学家钱学森等都作出了杰出的贡献。

1949年中华人民共和国成立后，政府组建了研制现代火箭的专门机构，在“独立自主，自力更生”的方针指导下，卓有成效地研制出了多种类型的火箭，并于1970年用“长征”1号三级火箭成功地

长征二号F型火箭

发射了第一颗人造地球卫星；1975年，又用更大推力的火箭——“长征”2号，发射了可回收的重型卫星；1980年，向南太平洋海域成功地发射了新型运载火箭；1982年，潜艇水下发射火箭又获成功；1984年4月8日和1986年2月1日，装有液氢液氧发动机的“长征”3号火箭又先后成功发射了地球同步试验通信卫星。这一系列的事件都表明，作为火箭发源地的中国，在现代火箭技术方面已跨入了世界先进行列。

◆ 潜　艇

18世纪70年代，美国人D.布什内尔建成了一艘单人操纵的木壳艇“海龟”号，通过脚踏阀门向水舱注水，可使艇潜至水下6米，并能在水下停留约30分钟。1776年9月，“海龟”号潜艇偷袭了停泊在纽约港的英国军舰“鹰”号，虽未获成功，但开创了潜艇首次袭击军舰的先例。

“海龟”号潜艇

18世纪末到19世纪末这段时间是潜艇研制史上的重要时期。1801年，美国人R.富尔顿建造的“鹦鹉螺”号潜艇，艇体为铁架铜壳，艇长7米，携带两枚水雷，由4人操纵。水上采用折叠桅杆，以风帆为动力，水下采用手摇螺旋桨推进器推进。19世纪60年代的美国南北战争中，南军建造的“亨利”号潜艇长约12米，呈雪茄形，用8人摇动螺旋桨前进，航速4节，使用水雷攻击敌方舰船。1864年2月17日夜，“亨利”号用水雷炸沉北军战舰“豪萨托尼克”号，首创潜艇击沉军舰的战例。1880年9月，中国在天津建成第一艘潜艇，艇体形如橄榄，水下行驶，十分灵敏，可在水下暗送水雷，置于敌船之下。

中国潜艇

1863年，法国建造了“潜水员”号潜艇，使用功率为58.8千瓦（80马力）的压缩空气发动机作动力，速度为2.4节，能在水下潜航3小时，下潜深度为12米。1886年，英国建造了“鹦鹉螺”号潜艇，使用蓄电池动力推进，航速6节，续航力约80海里。1897年，美国建造了“霍兰”Ⅵ号潜艇，水面使用33千瓦（45马力）的汽油机动力装置，航速7节，续航力达到1000海里；水下使用电动机为动力，航速5节，续航力50海里，这是潜艇双推进系统的开端。

1866年，英国人R.怀特黑德制成第一枚鱼雷。1881年，T.诺德费尔特和G.加里特建造的“诺德费尔特”号潜艇，首次装备鱼雷发射管；同年，美国建造的“霍兰”Ⅱ

号潜艇安装有能在水下发射鱼雷的鱼雷发射管，这是潜艇发展史上的一项重要发展。

19世纪的最后10年中，潜艇已成为至少是具有潜在威慑力量的武器了。但是由于当时的英国、美国等海军大国对潜艇仍持怀疑态度，总认为潜艇只不过是弱小国家用于偷袭的武器，因此对潜艇的发展造成了一定程度的阻碍。

20世纪初，潜艇装备逐步完善，性能逐渐提高，出现了具备一定实战能力的潜艇。这些潜艇采用双层壳体，具有良好的适航性，排水量为数百吨，使用柴油机-电动机双推进系统，水面航速约10～15节，水下航速6～8节，续航力有明显提高；潜艇上装备的武器主要有火炮、水雷和鱼雷。第一次世界大战前，各主要海军国家共拥有潜艇260余艘，成为海军的重要作战兵力之一。

航空喷气鱼雷

◆ 军　舰

军舰是在海上执行战斗任务的船舶。直接执行战斗任务的叫战斗舰艇，执行辅助战斗任务的是辅助战斗舰艇。军舰与民用船舶的最大区别是舰艇上装备有武器；其次是军舰的外表一般漆上蓝灰色油漆，舰尾悬挂海军旗或国旗；桅杆上装有各种用于作战的雷达天线和电子设备，这也是军舰有别于民船的一个标志。

军舰被认为是国家领土的一部分，在外国领海和内水中航行或停泊时享有外交特权与豁免权。军舰中战斗舰艇种类最多，它又分为水面舰艇和潜艇两大类。水面舰艇包括：航空母舰、战列舰、巡洋舰、驱逐舰、护卫舰、护卫艇、鱼雷艇、导弹艇、猎潜艇、布雷舰、扫雷舰、登陆舰、两栖攻击舰等；潜艇则有攻击型潜艇和战略潜艇等。辅助战斗舰艇又称勤务舰艇，主要用于战斗保障、技术保障和后勤保障，它包括：军事运输舰船、航行补给舰船、维修供应舰船、医院船、防险救生船、试验船、通信船、训练船、侦察船等。

军 舰

军舰发展历经了数千年，从桨帆船的冷兵器时代发展到核武器时代。军舰的造船材料从木质到铁壳再到钢铁装甲；动力从人工划桨和风帆动力发展到蒸汽轮机和核动力；武器装备则从冷兵器到火器，终至核武器。战斗方式的变化从最早的撞击、接舷白刃战发展到舰炮、鱼雷攻击，现代则使用导弹进行超视距攻击，军舰之间的战斗已经不再需要面对面的形式了。航空母舰的出现与发展则让海上战斗的形式起了根本性的变化。现代海战已经从水面变成水下、水面、空间的三维立体战争。

◆ *航空母舰*

中文“航空母舰”一词实际上来自于日文汉字。航空母舰简称“航母”“空母”，前苏联称之为“载机巡洋舰”，是一种可以提供军用飞机起飞和降落的军舰，也是一种以舰载机为主要作战武器的大型水面舰艇。现代航空母舰及舰载机已成为高技术密集的军事系统工程，其最大的缺点是最易受到超低空掠海武器的毁灭式打击。

航空母舰

航空母舰一般是一支航空母舰舰队中的核心舰船，有时还担当航母舰队的旗舰，舰队中的其他船只为它提供保护和供给。一般航母舰队会配备1~2艘潜艇、护卫舰、驱逐舰以及补给舰。驱逐舰或航母上搭载有反潜直升机、预警机、电子侦察机等。依靠航空母舰舰队，一个国家可以在远离其国土的地方，在不依靠当地机场的情况下对敌方施加军事压力和作战。

维兰特航空母舰

航空母舰的分类有很多种，如按其所担负的任务分，可以分为攻击航空母舰、反潜航空母舰、护航航空母舰和多用途航空母舰；按其舰载机性能又分为固定翼飞机航空母舰和直升机航空母舰，前者可以搭乘和起降包括传统起降方式的固定翼飞机和直升机在内的各种飞机，而后者则只能起降直升机或是可以垂直起降的定翼飞机。某些国家的海军还有一种外观类似的舰船，称作“两栖攻击舰”，也能搭乘和起降军用直升机或是可垂直起降的定翼机；按吨位分，可以分为大型航空母舰（满载排水量6~9万吨以上）、中型航空母舰（满载排水量3~6万吨）和小型航空母舰（满载排水量3万吨以下）；按动力分，可以分为常规动力航空母舰和核动力航空母舰。

电器起源

◆ 电

中国古代人认为，电是阴气与阳气相激而生成的。《说文解字》有“电，阴阳激耀也，从雨从申”的记录；《字汇》中也说“雷从回，电从申。阴阳以回薄而成雷，以申泄而为电”；在东汉时期的古籍《论衡》一书中曾有关于静电的记载，说当琥珀或玳瑁经摩擦后，便能吸引轻小物体，还记述了丝绸摩擦起电的现象。但虽然有记录，古代中国对于电还是没有多少了解。早在公元前600年左右，希腊的哲学家泰利斯就知道琥珀的摩擦会吸引绒毛或木屑，并将这种现象称为静电。而英文中的电（Electricity）在古希腊文的意思就是“琥珀”（amber），希腊文中

琥　珀

的静电为elektron。

18世纪时西方国家纷纷开始探索电的种种现象。美国科学家富兰克林（1706—1790年）认为电是一种没有重量的流体，存在于所有物体中，当物体得到比正常份量多的电就称为带正电；若少于正常份量，就被称为带负电；所谓“放电”就是正电流向负电的过程。虽然这个理论并不完全正确，但是正电、负电两种名称则自此被保留下来。富兰克林做了多次实验，并首次提出了电流的概念。1752年，他在一个风筝实验中，将系上钥匙的风筝用金属线放到云层中，被雨淋湿的金属线将空中的闪电引到手指与钥匙之间，这证明了空中的闪电与地面上的电是同一回事。

◆ 照明燃料

公元前7万年至今，出现了各种各样的照明燃料。早期的燃料主要有蜂蜡、橄榄油、动物脂肪、鱼油、芝麻油、鲸油、坚果油等，一直到18世纪晚期这些也都是最常用的燃料。1859年左右，首次钻探发现了石油，同时随着石油的衍生物——煤油的出现，灯具开始大受欢迎。同期还有另外两种照明燃料出现，即天然气和煤。

旧式煤油灯

◆ 照明电器

在电的发明翻开历史的新篇章以前，灯一直是用于照明的工具。灯最早的发明和使用可追溯到公元前7万年。当时没有金属和铜来制作灯，那时的人就用中空的石头和贝壳取而代之。人们在这些中空的石头里放满了苔藓和其他植物，然后将这些植物浸在动物脂肪里，因为动物脂肪可以代替油。第一盏灯就是这么诞生的。

随着陶器时代、青铜时代和黄铜时代的来临，人类开始模仿其他自然物体的造型制作灯具。灯芯出现得比较晚，主要用于控制火焰的大小和燃烧的速度。公元前7世纪，希腊人开始用陶器灯代替手持的火把。英文lamp这个单词就来源于希腊文中的单词lampas，意思是火把。到了18世纪，灯具的样式有了重大变化，还加入了金属管来调节灯火的亮度。这个调节装置是照明史上的一项重大发现，有了它，人类就可以根据自己的需求达到减弱或增强灯亮度的目的。除此之外，新的灯具还有另外一个变化那就是有了玻璃灯罩，而灯罩的作用是保护火焰，控制空气流动。

1879年大洋彼岸的著名科学家爱迪生发明了白炽灯，人类从此跨入了电气照明的新时代，但是国人自制灯具却是在20世纪初期。我国电光源工业的历史较短，大部分相关企业都是于1958年至1960年期间问世的。目前在引进国外先进光源的基础上，我国已研制设计出了许多符合我国国情的电光源生产设备，使我国电光源装备水平得到了不断提高。

白炽灯

灯具从煤气发展到电力的过程中经历了一段很漫长的等待。1801年，英国的Humphrey Davy发明了电弧

灯，是同类中的先驱。这种灯的工作原理很简单，就是将两根碳棒和电源连在一起。两根碳棒间有一定距离，这样电流会通过一个弧线，使蒸发的碳产生白光。1857年，法国的A.E. Becquerel 提出了荧光照明的理论。19世纪70年代，爱迪生发明了第一盏白炽灯。到20世纪前期，白炽灯一直都是家庭照明的主要工具。

1901年，Peter Cooper Hewitt为他的新发明——水银蒸汽灯申请了专利。这是另一种弧灯，用玻璃灯泡中的水银蒸汽产生光。水银蒸汽灯是日光灯的雏形。

1911年，法国的Georges Claude发明了霓虹灯；1915年，一个美国人发明了气体白炽灯；1927年，Hans Spanner，Friedrich Meyer和Edmund Germer申请了第一盏日光灯的专利。日光灯因为从里到外都涂上了铍，所以它比水银灯的光照效果更好。从那以后，我们便开始使用各种灯具，包括水银灯和白炽灯，直到今天，地球上某些地方的人们在家中还使用着老式的灯芯和油灯。

从1879年12月21日公布电灯的发明之后的几周内，煤气股票明显下跌，而爱迪生电气公司则蓬勃发展。灯的利用开启了一个新的时代，促进了社会各方面的发展。经过长期发展，出现了各种各样，各具特色的灯具，为人们的生活增添了更多的色彩。

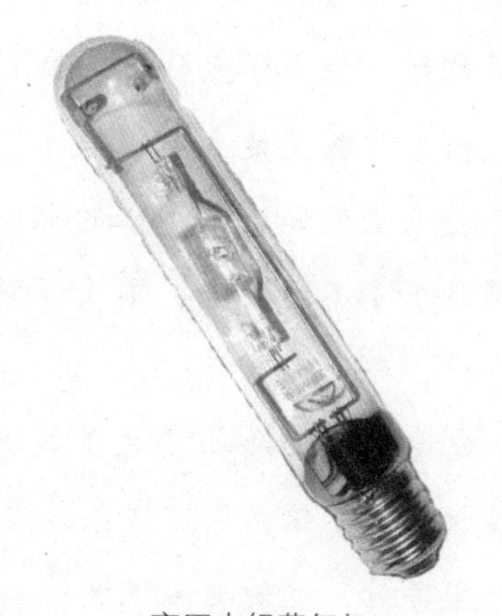

高压水银蒸气灯

爱迪生的科学发明征程

1862年8月，爱迪生以大无畏的英雄气魄救出了一个在火车轨道上即将遇难的男孩。孩子的父亲对此感恩戴德，但由于无钱可以酬报，便提出愿意教爱迪生电报技术。从此，爱迪生便和这个神秘的电的新世界结下了不解之缘，踏上了科学的征途。

爱迪生

爱迪生1863年担任大干线铁路斯特拉福特枢纽站电信报务员。从1864年至1867年，他又在中西部各地担任报务员，过着类似流浪的生活。足迹所至，包括斯特拉福特、艾德里安、韦恩堡、印第安那波利斯、辛辛那提、那什维尔 、田纳西、孟斐斯、路易斯维尔、休伦等地。1868年，爱迪生以报务员的身份来到了波士顿。同年，他获得了第一项发明专利权。这是一台自动记录投票数的装置，爱迪生认为这台装置会加快国会的工作，一定会受到欢迎的。然而，一位国会议员告诉他说，他们无意加快议程，有的时候慢慢投票是出于政治上的需要。从此以后，爱迪生决定，再也不搞人们不需要的任何发明了。

1869年6月初，爱迪生来到纽约寻找工作。当他在一家经纪人办公室等候召见时，一台电报机坏了。当时爱迪生是那里唯一的一个能修好电

报机的人，于是他谋得了一个比他预期的要更好的工作。10月他与波普一起成立了一个“波普-爱迪生公司”，专门经营电气工程的科学仪器。在这里，他发明了“爱迪生普用印刷机”。他把这台印刷机推荐给了华尔街一家大公司的经理，本想索价5000美元，但又缺乏勇气说出口来。于是他让经理给个价钱，没想到的是经理却给了4万美元。

英文打字机

爱迪生用这笔钱在新泽西州纽瓦克市的沃德街建了一座工厂，专门制造各种电气机械。他通宵达旦地工作，还培养出许多能干的助手，同时在这里也巧遇了勤快的玛丽，即他未来的第一个新娘。在纽瓦克，他做出了诸如蜡纸、油印机等发明，从1872至1875年，爱迪生先后发明了二重、四重电报机，还协助别人制作出了世界上第一架英文打字机。

1876年春天，爱迪生又一次迁居，这次他迁到了新泽西州的“门罗公园”。他在这里建造了第一所“发明工厂”，它“标志着集体研究的开端”。1877年，爱迪生改进了早期由贝尔发明的电话，并将其投入实际使用。他还发明了他心爱的一个项目——留声机。后来人们都说，电话和电报“是扩展人类感官功能的一次革命”，而留声机是改变人们生活的三大发明之一，“从发明的想象力来看，这是他极为重大的发明成就”。到这个时候，人们称他为“门罗公园的魔术师”。

爱迪生在发明留声机的同时，经历无数次失败后的电灯研究终于取得了突破，1879年10月22日，爱迪生点燃了第一盏真正有广泛使用价值的电灯。为了延长灯丝的寿命，他又大约试用了6000多种纤维材料，才

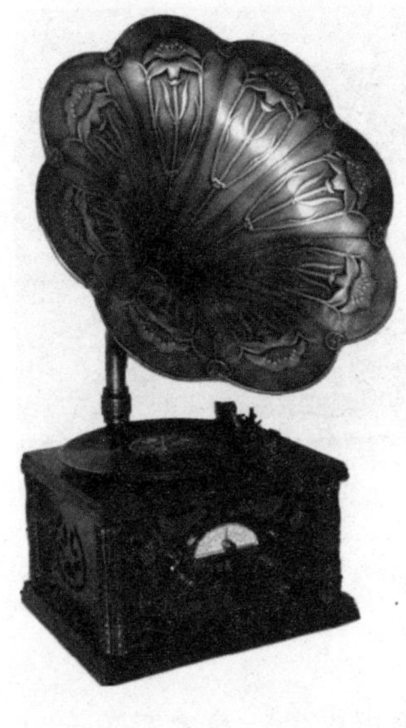
留声机

找到了新的发光体——日本竹丝，可持续1000多小时，达到了耐用的目的。从某一方面来看，这一发明是爱迪生一生中达到的最登峰造极的成就。接着，他又创造出一种供电系统，使远处的灯具能从中心发电站配电，这也是一项重大的工艺成就。

1883年，爱迪生试验电灯时，观察到他称之为爱迪生效应的现象：在点亮的灯泡内有电荷从热灯丝经过空间到达冷板。爱迪生在1884年申请了这项发现的专利，但并未进行进一步研究。而旁边的科学家后来利用爱迪生效应发展了电子工业，尤其是无线电和电视。

爱迪生还企图为眼睛做出像留声机为耳朵做出的事，于是便产生了电影摄影机。他使用一条乔治伊斯曼新发明的赛璐珞胶片拍下了一系列照片，然后将它们迅速地、连续地放映到幕布上，产生出运动的幻觉。他第一次在实验室里试验电影是在1889年，并于1891年申请了专利。1903年，他的公司摄制了第一部故事片“列车抢劫”。爱迪生为电影业的组建和标准化做了大量工作。

1887年爱迪生把他的实验室迁往西奥兰治以后，为了将他的多种发明制成产品并进行推销，他创办了许多商业性公司；这些公司后来合并称为了爱迪生通用电气公司，后称为通用电气公司。此后，他的兴趣又转到荧光学、矿石捣碎机、铁的磁离法、蓄电池和铁路信号装置上。

第一次世界大战期间，他还研制出了鱼雷机械装置、喷火器和水底潜望镜。

1929年10月21日，在电灯发明50周年的时候，人们为爱迪生举行了

盛大的庆祝会，德国（德意志联邦共和国）的阿尔伯特·爱因斯坦和法国的居里夫人（出生于波兰）等著名科学家纷纷向他祝贺。不幸的是，就在这次庆祝大会上，当爱迪生致答辞的时候，由于过分激动，他突然昏厥过去。从此，他的身体每况愈下。1931年10月18日，这位为人类作过伟大贡献的科学家因病逝世，终年84岁。

居里夫人

爱迪生的文化程度极低，但是对人类的贡献却这么巨大，这里的“秘诀”是什么呢？原因除了他有一颗好奇的心，一种亲自试验的本能之外，就是他具有超乎常人的艰苦工作的无穷精力和果敢精神。当有人称爱迪生是个“天才”时，他解释说：“天才就是百分之一的灵感加上百分之九十九的汗水。”他在“发明工厂”的时候，会把许多不同专业的人组织起来，里面有科学家、工程师、技术人员、工人共100多人，爱迪生的许多重大发明就是靠这个集体的力量才获得成功的。此外，他的妻子也曾起了相当重要的作用。爱迪生一生只上过三个月的小学，他的学问是靠母亲的教导和自修得来的。他的成功，还应该归功于母亲自小对他的谅解与耐心的教导，才使得原来被人认为是低能儿的爱迪生，长大后成为举世闻名的“发明大王”。

有人作过统计：爱迪生一生中的发明，在专利局正式登记的有1300种左右。1881年是他发明的最高纪录年。这一年，他申请立案的发明就有141种，平均每三天就有一种新发明。伟大发明家爱迪生的一生告诉我们：巨大的成就，出于艰巨的劳动。爱迪生不会随着时光流逝而被人们遗忘，他的一生是光荣的一生，他的一切成就是为人类造福的。

◆ 家用电器

在世界上尚未有统一的家用电器的分类方法。通常人们都按产品的功能、用途对其进行分类，大致可以分为8类：

制冷电器：包括家用冰箱、冷饮机等；

空调器：包括房间空调器、电扇、换气扇、冷热风器、空气去湿器等；

清洁电器：包括洗衣机、干衣机、电熨斗、吸尘器、地板打蜡机等；

厨房电器：包括电灶、微波炉、电磁灶、电烤箱、电饭锅、洗碟机、电热水器、食物加工机等；

电暖器具：包括电热毯、电热被、电热服、空间加热器等；

整容保健电器：包括电动剃须刀、电吹风、整发器、超声波洗面器、电动按摩器、空气负离子发生器等；

声像电器：包括电视机、收音机、录音机、录像机、摄像机、组合音响等；

家用电器

其他电器：如烟火报警器、电铃等。

（1）冰　箱

冰箱，又称冰桶，由古时的“冰鉴”发展而来。冰鉴，是古代盛冰的容器。《周礼·天官·凌人》：“祭祀共（供）冰鉴。”可见周代当时已有原始的冰箱，只是冰并不是一年里时时都有，特别是在炎热的夏季，冰可谓弥足珍贵。冰鉴是古代人的发明创造，为我们展示了古代生活的一

个侧面。

冰箱功能很强大，既能保存食品，又可散发冷气，使室内凉爽。古人传下来一批清代晚期的木胎冰箱，多用红木、花梨、柏木等较为细腻的木料制成，制作精致。形制多为大口小底，外观如斗形，铅叶镶里，底部有泄水小孔，结构类似木桶。冰箱箱体两侧设提环，顶上有盖板，上开双钱孔，既是抠手，又是冷气散发口。为使冰箱处于一定高度便于取放冰块和食物，还配有箱座。

曾侯乙铜冰鉴

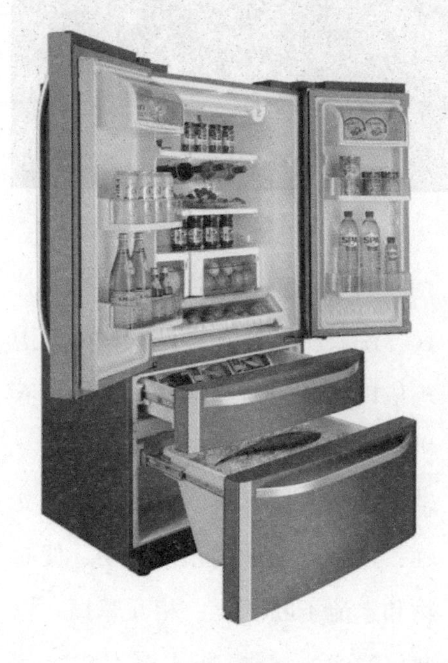

冰　箱

7世纪中期，“冰箱”这个词才进入了美国语言，在那之前，冰只是刚刚开始影响美国普通市民的饮食。随着城市的发展，冰的买卖也逐渐发展起来。它渐渐被旅馆、酒馆、医院以及被一些有眼光的城市商人用于肉、鱼和黄油的保鲜。内战（1861—1865年）之后，冰不仅仅被用于冷藏货车，也开始逐渐进入广大普通市民的家中。到1880

年以前，在波士顿和芝加哥销售的冰箱总数的三分之一都进入了家庭使用。

（2）洗衣机

从古到今，洗衣服都是一项难于逃避的家务劳动。而在洗衣机出现以前，对于许多人而言，它并不像田园诗描绘的那样充满乐趣，手搓、棒击、冲刷、甩打……这些不断重复的简单的体力劳动，留给人的感受常常是：辛苦劳累。

1874年，“手洗时代”迎来了前所未有的改革，美国人比尔·布莱克斯发明了木制手摇洗衣机。布莱克斯的洗衣机构造极为简单，就是在木筒里装上6块叶片，用手柄和齿轮传动，使衣服在筒内翻转，从而达到“净衣”的目的。这套装置的问世，让那些为提高生活效率而冥思苦想的人士大受启发，洗衣机的完善进程开始大大加快。1880年，美国又出现了蒸气洗衣机，蒸气动力开始取代人力。之后，水力洗衣机、内燃机洗衣机也相继出现。到1911年，美国试制成功世界上第一台电动洗衣机。电动洗衣机的问世，标志着人类进入了家务劳动自动化时代。

电动洗衣机几经完善，并在1922年出现了一种崭新的“搅拌式”洗衣机。搅拌式洗衣机由美国玛依塔格公司研制成功，这种洗衣机是在筒中心装上一个立轴，在立轴下端装有搅拌翼，电动机带动立轴，进行周期性的正反摆动，使衣物和水流不断翻滚，相互摩擦，以此涤荡污垢。搅拌式洗衣机结构科学合理，受到人们的普遍欢迎。

河边洗衣服的妇女

海尔滚筒洗衣机

直到10年之后，美国本德克斯航空公司宣布，他们研制成功了第一台前装式滚筒洗衣机，洗涤、漂洗、脱水在同一个滚筒内完成。这意味着电动洗衣机的型式跃上了一个新台阶，朝自动化又前进了一大步！直至今日，在欧美国家滚筒式洗衣机仍有着广泛应用。

随着工业化进程的加速，世界各国也加快了洗衣机研制的步伐。首先由英国研制并推出了一种喷流式洗衣机，它是靠筒体一侧的运转波轮产生的强烈涡流，使衣物和洗涤液一起在筒内不断翻滚，这样达到洗净衣物的目的。1955年，日本在引进英国喷流式洗衣机的基础之上，研制出了一种独具一格并流行至今的波轮式洗衣机。至此，初步形成了波轮式、滚筒式、搅拌式在洗衣机生产领域三分天下的局面。

（3）剃须刀

剃须刀又称刮胡刀，是用来刮胡子的刀。1897年吉列发明了世界上第一把剃须刀，早期的剃须刀

吉列博朗剃须刀

使用时容易伤人，需要抹上剃须泡软化胡渣以便于刮除，后来金·坎普·吉列对剃须刀进行了改进，使它在使用上变得更加安全。金·坎普·吉列于1903年创立吉列公司，专门生产制造剃须刀，经过不断改进之后，剃须刀变得更便利，如电动剃须刀的发明；还具有更佳的剃须品质，如多刀头设计。在“一战”时期，美国士兵的必备装备里面就包括吉列剃须刀。一直以来，吉列都在不断给全世界带来革命性的产品，成为全球男性信赖剃须技术的代名词。

（4）电视机

人们通常把1925年10月2日苏格兰人约翰·洛吉·贝尔德在伦敦的一次实验中“扫描”出木偶的图像看作是电视诞生的标志，他也因此被称作“电视之父”。但是，这种看法也是有争议的。因为，也就是在那一年，美国人斯福罗金在西屋公司向他的老板展示了他的电视系统。尽管时间相同，但因为传输和接收原理的不同，约翰·洛吉·贝尔德与斯福罗金的电视系统是有着很大差别的。历史上将约翰·洛吉·贝尔德的电视系统称做机械式电视，而斯福罗金的系统则被称为电子式电视。

美国RCA1939年，美国RCA推出世界上第一台黑白电视机，到1953年设定全美彩电标准以及1954年推出RCA彩色电视机。

老式黑白电视机

（5）收音机

1844年，电报机被发明了出来，人们从此可以在相隔很远的地方互相

通讯，但是这还必须依赖“导线”来进行连接，而收音机讯号的收、发，却是“无线电通讯”。整个无线电通讯的发明，是多位科学家先后努力研究的结果。

1888年，德国科学家赫兹发现了无线电波的存在。

1895年，俄罗斯物理学家波波夫宣称，在相距600码（合约550米）的两地成功地收发了无线电讯号；同年稍后，一个富裕的意大利地主的儿子——年仅21岁的马可尼在他父亲的庄园土地内，用无线电波成功地进行了第一次发射。

1897年，波波夫以他制作的无线通讯设备，在海军巡洋舰上与陆地上的站台成功进行了通讯。

1901年，马可尼发射无线电波横越大西洋。

1906年，加拿大发明家费森登首度发射出“声音”，无线电广播就此开始。

同年，美国人德·福雷斯特发明真空电子管，这也是真空管收音机的始祖。从那之后，又出线了改良后的半导体收音机（原子粒收音机）、电晶体收音机。

老式收音机

通信技术

◆ 邮　递

邮递是以实物传递为基础，通过对文字、图片、实物的空间转移来传递信息的一种手段。虽然现在写信的人越来越少，但越简单越真实，越纯朴越真情，信件是信息传递最简单最纯朴的方式，更不会因传递速度过快造成信息的遗漏；而如今的快递是人类社会发展的需要，主要原因是随着人类物质生活水平的提高，服务的需求面也越来越高。

信 封

邮政通信是国家安全建设的基础，是个人通信自由及隐私保护的体现。对邮政通信有效合理的管理发展可以带动服务经济的增长，使各项资源（特别是人力资源）更符合人类发展的需要，这样才能使国家经济往更好更高更透明的方向前进。

◆ 电　报

电报就是用电信号传递的文字信息。电报是通信业务的一种，是人类最早使用电进行通信的方法。它利用电流（有线）或电磁波（无线）作载体，通过编码和相应的电处理技术实现人类远距离传输与交换信息的通信方式。

电报大大加快了消息的传递速

度，是工业社会的一项重要发明。早期的电报只能在陆地上通讯，后来使用了海底电缆，便开展了越洋服务。到了20世纪初，人们开始使用无线电拍发电报，电报业务基本上已能抵达地球上大部分地区。电报主要是用作传递文字讯息，使用电报技术用作传送图片则称为传真。到了通讯越来越迅捷的今天，电报的作用已经不是很大了，也许在未来的某一天我们会突然发现，电报早就从我们的生活中消失了。

爱迪生发明的电报机

◆电　话

1793年，法国的查佩兄弟在巴黎和里尔之间架设了一条230千米长的以接力方式传送信息的托架式线路。这是一种由16个信号塔组成的通信系统，由信号员在下边通过绳子和滑轮，操纵信号机支架的不同角度，来表示相应的信息。当时，法国和奥地利正在作战，信号系统只用一个小时就把从奥军手中夺取埃斯河畔孔代的胜利消息传到了巴黎。此后，比利时、荷兰、意大利、德国及俄国等也先后建立了这样的通信系统。据说查佩两兄弟之一也是使用“电报”这个词的第一人。

欧洲对于远距离传送声音的研究始于17世纪。英国著名的物理学家和化学家罗伯特·胡克首先提出了远距离传送语音的建议。而在1796年，休斯提出了用话筒接力传送语音信息的办法，并且把这种通信方式称为Telephone，一直延用至今。

1832年，美国医生杰克逊在

拨盘电话机

大西洋中航行的一艘邮船上给旅客们讲电磁铁原理的时候，旅客中41岁的美国画家莫尔斯被深深地吸引住了。当时法国的信号机体系只能凭视力所及传讯数英里，莫尔斯梦想着用电流传输电磁信号，瞬息之间把消息传送到数千英里之外。从此，莫尔斯的生活发生了根本性的转变。莫尔斯根据在电线中流动的电流在电线突然截止时会迸出火花这一事实想到：如果将电流截止片刻发出火花作为一种信号，将电流接通而没有火花作为另一种信号，电流接通时间加长又作为一种信号，这三种信号组合起来，就可以代表全部的字母和数字，那这样文字就可以通过电流在电线中传到远处了。1837年，莫尔斯终于设计出了著名的莫尔斯电码，它是利用“点”“划”和“间隔”的不同组合来表示字母、数字、标点和符号的。1844年5月24日，在华盛顿国会大厦联邦最高法院会议厅里，莫尔斯亲手操纵着电报机，随着一连串的“点”“划”信号的发出，远在64千米外的巴尔的摩城便收到了由“嘀”“嗒”声组成的世界上第一份电报。

◆卫星电话

基于卫星通信系统来传输信息的电话就是卫星电话。卫星电话是现代移动通信的产物，其主要功能是填补现有通信（有线通信、无线通信）终端无法覆盖的区域，为人们的工作提供更为健全的服务。现代通信中，卫星通信是

铱星卫星电话

其他通信方式所无法替代的，而且现有常用通信所提供的所有通信功能，均已在卫星通信中得到应用。

◆ 传　真

传真通信是利用扫描和光电变换技术，从发端将文字、图像、照片等静态图像通过有线或无线信道传送到收端，并在收端以记录的形式重新显示原来静止的图像的一种通信方式。1843年，美国物理学家亚历山大·贝恩根据钟摆原理发明了传真；1850年美国的弗·贝克韦尔开始采用“滚筒和丝杆”装置代替了亚历山大·贝恩的钟摆方式，使传真技术向前迈进了一大步；1865年，伊朗人阿巴卡捷里根据贝恩和贝克韦尔提出的原理，制造出了实用的传真机，并在法国的巴黎、里昂和马赛等城市之间进行了传真通信实验。

由上述可见，传真从发明至今已经有超过150年的历史，但它被推广、普及则是近几十年的事。在这之前，它的发展非常缓慢，这主要是受到当时的使用条件及其本身技术落后等原因的限制。自20世纪70年代开始，世界各国相继在公用电话交换网上开放传真业务，传真才得到了广泛的发展。特别是进入20世纪80年代以后，随着传真机标准化进程的加快和技术的成熟，它逐渐变成了发展最快的一种非话业务。

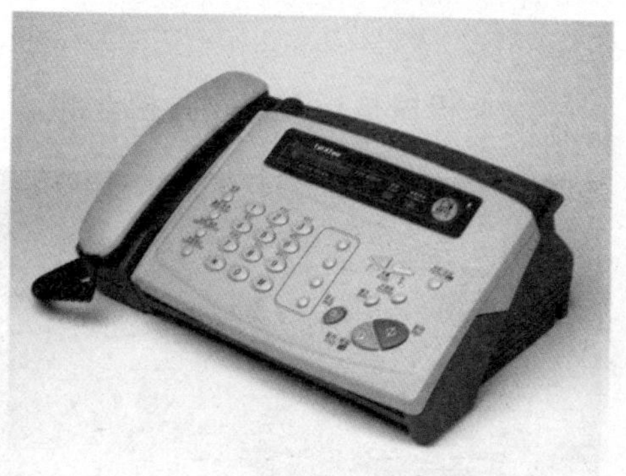

传真机

农业机械

农业机械是指在作物种植业和畜牧业生产过程，以及农、畜产品初加工和处理过程中所使用的各种机械。农业机械包括农用动力机械、农田建设机械、土壤耕作机械、种植和施肥机械、植物保护机械、农田排灌机械、作物收获机械、农产品加工机械、畜牧业机械和农业运输机械等。

农 田

广义的农业机械还包括林业机械、渔业机械和蚕桑、养蜂、食用菌类培植等农村副业机械。

◆ 农田建设机械

农田建设机械是指那些用于平整土地、修筑梯田和台田、开挖沟渠、敷设管道和开凿水井等农田建设的施工机械。其中推土机、平地机、铲

开沟机

运机、挖掘机、装载机和凿岩机等土、石方机械，与道路和建筑工程用的同类机械基本相同，但大多数（凿岩机除外）与农用拖拉机配套使用，挂接方便，以提高动力的利用率。其他农田建设机械主要有开沟机、鼠道犁、铲抛机、水井钻机等。

（1）铧式开沟机

铧式开沟机的工作部件是带有犁铧式切土部件的开沟犁体，由拖拉机牵引，一次行程即可完成开沟作业，生产率较高，但牵引阻力大，须与大功率拖拉机配套，适用于较小沟渠的开挖作业。

（2）旋转开沟机

旋转开沟机是用旋转的铣抛盘铣切并抛掷土壤，可与中等功率的拖拉机配套使用，经一次或多次行程完成开沟作业。其作业速度低，一般为50~400米/小时，因而配套拖拉机需要备有或附加超低速档，单元土方量的能耗大于铧式开沟机。它适用于大型沟渠的开挖作业。

（3）鼠道犁

鼠道犁的工作部件为类似炮弹形的锥端圆柱体，带有立柱和牵引装置，由拖拉机牵引在农田中开挖排水暗渠。

（4）开沟埋管机

开沟埋管机能在一次行程中完成开沟、埋管、覆土和压实等项作业。

（5）铲抛机

铲抛机是由挖土铲将土铲起后送往抛土部件，带抛土板的旋转圆盘式或向上倾斜的环形胶带式抛土部件将土壤向一侧横向抛掷，抛土距离可达15~18米，可用于修筑梯田和开挖沟渠等项土方运移作业。

◆ 土壤耕作机械

土壤基本耕作机械是对土壤进行翻耕、松碎或深松、碎土所用的机械，包括桦式犁、圆盘犁、凿式犁和旋耕机等。

（1）圆盘犁

圆盘犁的工作部件是与铅垂面约成20°倾角、而与前进方向成

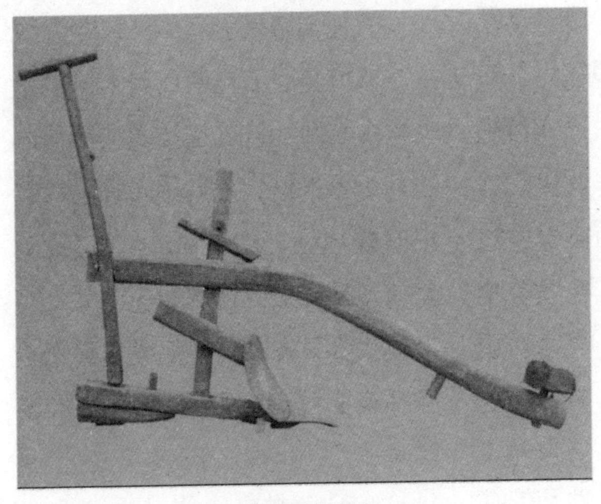
以前耕地用的犁

40°～50° 偏角的凹面圆盘。作业时，圆盘在土壤反力作用下转动前进，由圆盘刃口切下的土垡沿凹面升起并翻转下落。圆盘犁能切碎干硬土块，切断草根和小树根，用于多石、多草和潮湿粘重的土壤以及高产绿肥田的秸秆还田后的耕翻作业。但在一般土壤条件下，圆盘犁翻土、碎土和覆盖性能均不如铧式犁。

（2）凿式犁

工作部件是1～3列带刚性铲柱的凿形松土铲，耕地时松土而不翻转土层，耕后地表留有残茬覆盖，可减少水土流失，适用于干旱、多石和水土流失严重地区的土壤基本耕作。耕深一般为30厘米，用于干旱地的土壤改良时最大耕深可达45～75厘米。

（3）旋耕机

工作部件旋耕刀滚是在一根水平横轴上按多头螺纹均匀配置的一组切土刀片，由拖拉机动力输出轴通过传动装置驱动，旋转切土和碎土，一次作业即可达到种床准备要求。它主要用于水田、蔬菜地和果园的耕作。

◆ 表土耕作机械

表土耕作机械包括圆盘耙、钉齿耙、镇压器和中耕机等。

（1）圆盘耙

圆盘耙由成组排列的凹面圆盘配置而成。圆盘的刃口平面与地面垂直，而与前进方向成一偏角（作业状态）。它用于翻耕后的碎土平整、收获后的浅耕灭茬和果园的松土除草等作业。

（2）钉齿耙

钉齿耙工作部件为等距、间隔配置在耙架上的若干排钉齿，可用于松碎耕地后的土壤、破碎雨后地表形成的硬壳和作物苗期除草等作业。

耕地用的耙

（3）水田耙

水田耙由圆盘耙组、缺口圆盘耙组、星形耙组和轧滚等工作部件前后配置而成，用于水田耕翻后的碎土、平整作业。还可根据地区和土壤条件的不同，将这些工作部件组合成不同形式的水田耙进行使用。

（4）镇压器

镇压器用于耙后或播种后的表层碎土和压实作业，工作部件为镇压轮。镇压轮有圆筒形、环形或V形等，工作时活套在轮轴上。

（5）中耕机

中耕机用于作物生长期间的松土、除草、开沟和培土等作业，常用的工作部件有除草铲、松土铲、通用铲和培土器等。在中耕机上加装施肥装置，可在中耕除草的同时施加肥料。水稻田的中耕可采用人力手推齿滚式水田中耕机，或由动力驱动的除草轮式水田中耕机。

（6）联合耕作机械

联合耕作机械能一次完成土壤的基本耕作和表上耕作——耕地和耙地。其形式可以是两台不同机具的组合，如铧式犁-钉齿耙、铧式犁-旋耕机等；也可以是两种不同工作部件的组合，由铧式犁犁体与立轴式旋耕部件组成的耕耙犁等。

（7）果园专用耕作机械

铧式犁和中耕机上常装有那些工作部件能自动避开树干并自动复

位的装置。除树干周围的小块面积土壤外，可同时耕作果树行间和株间的土壤。

◆ 畜牧业机械

畜牧业机械是在放牧和舍养禽、畜饲养业生产过程中使用的各种机械设备。主要有以下几种：

（1）草场维护和改良机械

草场维护和改良机械包括杀灭草场鼠类用的毒饵撒播机、改良草场以提高牧草产量的松土补播机和草场喷灌设备等。

（2）放牧场管理设备

放牧场管理设备包括电牧栏及其架设机械、流动防疫车和药淋设备等。

电牧栏：将电脉冲发生器产生的高压脉冲电流通入电篱，使牲畜在触到电篱时受到非致命的电击，从而保证牲畜在电篱所围成的电牧栏内活动、进食。装设太阳能或风力发电机可为电牧栏提供方便而廉价的电源。

奶牛牧场

流动防疫车：一种越野性能好的专用汽车，车内装有防疫和兽医用的化验、消毒、治疗设备和内燃发电机组等，可运载数个防疫或兽医人员及时赶赴疫区。

药淋设备：主要用于防治放牧羊群的疥癣和体表寄生虫。

（3）牧草和青饲料收获机械

割草机

牧草和青饲料收获机械主要是指在田间收取牧草并形成散草、草捆、草垛和草块等的机械，主要包括割草或割草调制机、搂草机、捡拾压捆机、集草堆垛机械、牧草装运机械和青饲料收获机等。

割草机有往复式和旋转式两种类型。20世纪70年代开始发展的旋转式割草机与传统的往复式相比，具有切割和前进速度高、工作平稳、对牧草适应性强的优点，适用于高产草场，但切割不够整齐，重割较多，能耗较大。在割草机上加装压辊即成为割草调制机，可将割下的鲜牧草茎秆压扁挤裂，以加速干燥过程。

搂草机有横向和侧向两类，用于将割倒散铺在地面的牧草搂集成不同形式的草条；捡拾压捆机用以从地面拾起成条的干草，并将其压缩成矩形或圆形断面的紧密草捆，以便于运输和储存。

青饲料收获机有甩刀式和通用型两类。前者用高速旋转的甩刀式切碎器把青饲作物砍断、切碎并抛送到挂车中，主要用于收获低矮青饲作物；后者备有全幅切割收割台、对行收割台和捡拾装置3种附件，因而可收获各种青饲作物。

（4）饲料加工机械

主要包括：加工各种粗、精饲料的饲料粉碎机、铡草机和青饲料切碎机；配制混合饲料的饲料混合机；将粉状饲料制成颗粒状的饲料压粒机；处理秸秆饲料的茎秆调制机；用于加工薯类、瓜菜等多汁饲料的洗涤机、切片机、刨丝机、打浆机、菜泥机和饲粒蒸煮器等。

（5）舍养禽、畜饲养管理机械

主要包括：禽畜舍的通风换气、温度控制和照明等环境控制设备；禽畜喂饲和饮水设备；禽畜防疫设备；除粪和粪便处理设备，以及禽蛋收集和挤奶设备等。现代化的蛋鸡舍包括从孵化育雏到鸡蛋装箱的成套机械化、自动化设备，在与外界隔绝的条件下，可按要求自动控制舍内环境。按不同鸡龄和产蛋鸡的需要定量喂食饲料，并装设自动饮水器和定期除粪设备。鸡蛋则通过集蛋系统自动收集，经清洗、分级后装箱待运。

饲料粉碎机

金属冶炼

金属冶炼往往可以表明一个国家生产力水平的高低。我国在很早的时候就已经有金属冶炼技术了，经过漫长的发展阶段以后，而今我国的金属冶炼技术也更趋于完美。

◆ 钢铁冶炼

钢铁冶炼是钢、铁冶金工艺的总称。工业生产的铁可根据含碳量将其分为生铁（含碳量2%以上）和钢（含碳量低于2%），基本生产过程是在炼铁炉内把铁矿石炼成生铁，再以生铁为原料，用不同方法炼成钢，再铸成钢锭或连铸坯。

（1）铁的冶炼

现代炼铁绝大部分都是采用高炉炼铁法，只有个别采用直接还原炼铁法和电炉炼铁法。高炉炼铁是将铁矿石在高炉中还原，熔化炼成生铁。此法操作简便，能耗低，成本低廉，可大量生产。生铁除部分用于铸件外，大部分用作炼钢原料。由于适应高炉冶炼的优质焦炭煤日益短缺，后来也相继出现了不用焦炭而用其他能源的非高炉炼铁法。

直接还原炼铁法是将矿石在固态下用气体或固休还原剂还原，在

高炉炼铁现场

低于矿石熔化温度下，炼成含有少量杂质元素的固体或半熔融状态的海绵铁、金属化球团或粒铁，这些铁可以用来作为炼钢原料（也可作高炉炼铁或铸造的原料）。

电炉炼铁法，多采用无炉身的还原电炉，可用强度较差的焦炭（或煤、木炭）作还原剂。电炉炼铁的电加热代替部分焦炭，并可用低级焦炭，但耗电量大，只能在电力充足、电价低廉的条件下使用。

（2）钢的冶炼

炼钢主要是以高炉炼成的生铁和直接还原炼铁法炼成的海绵铁以及废钢为原料。主要的炼钢方法有转炉炼钢法、平炉炼钢法、电弧炉炼钢法3类，这3种炼钢工艺可满足一般用户对钢质量的要求。为了炼出更高质量、更多品种的高级钢，出现了多种钢水炉外处理（又称炉外精炼）的方法，如吹氩处理、真空脱气、炉外脱硫等。对转炉、平炉、电弧炉炼出的钢水进行附加处理之后，都可以进而生产出高级的钢种。

但对某些有特殊用途、要求特高质量的钢，用炉外处理仍不能达到要求，则要用特殊炼钢法进行炼制。如电渣重熔，就是把转炉、平炉、电弧炉等冶炼出的钢铸造或锻压成为电极，再通过熔渣电阻热进行二次重熔；真空冶金，就是在低于1个大气压值直至超高真空条件下进行的冶金过程，包括金属及合金的冶炼、提纯、精炼、成型和处理。

电弧炉炼钢

钢液在炼钢炉中

圆头单臂自由锻电液锤

冶炼完成之后，必须经盛钢桶（钢包）注入铸模，凝固成一定形状的钢锭或钢坯才能进行再加工。钢锭浇铸可分为上铸法和下铸法，上铸钢锭一般内部结构较好，夹杂物较少，操作费用低；而下铸钢锭虽然表面质量良好，但因通过中注管和汤道，使钢中夹杂物增多。近年来，在铸锭方面也出现了连续铸钢、压力浇铸和真空浇铸等新技术。

◆ 锻　造

锻造是利用锻压机械对金属坯料施加压力，使其产生塑性变形以获得具有一定机械性能、一定形状和尺寸锻件的加工方法。锻压（锻造与冲压）的两大组成部分之一。通过锻造能消除金属在冶炼过程中产生的铸态疏松等缺陷，优化微观组织结构，同时由于保存了完整的金属流线，锻件的机械性能一般优于同样材料的铸件。相关机械中负载高、工作条件严峻的重要零件，除形状较简单的可用轧制的板材、型材或焊接件外，多采用锻件。

根据坯料的移动方式，可将锻造分为自由锻、镦粗、挤压、模锻、闭式模锻、闭式镦锻。自由锻，即利用冲击力或压力使金属在上下两个抵铁（砧块）间产生变形以获得所需锻件，主要有手工锻造和机械锻造两种；模锻又分为开式模锻和闭式模锻，即金属坯料在具有一定形状的锻模膛内受压变形而获得锻件。

按变形温度，又可将锻造分为热锻（锻造温度高于坯料金属的再结晶温度）、温锻（锻造温度低于金属的再结晶温度）和冷锻（常温）。钢的再结晶温度约为460℃，但人们普遍采用800℃作为划分线，高于800℃的是热锻，而在300℃～800℃之间的称为温锻或半热锻。

化工技术

化学工业又称化学加工工业，是指利用化学反应改变物质结构、成分、形态等生产化学产品的部门，生产的化学产品有很多，如：无机酸、碱、盐、稀有元素、合成纤维、塑料、合成橡胶、染料、油漆、化肥、农药等。

◆ 无机酸

无机酸的简单解释就是指能解离出氢离子的物质。与无机酸相对应的是有机酸，两者之间最大的不同点就是一个是有机物，另一个是无机物；相同点是都具有酸性。二者的用途也有不同，有机酸大部分用来做成有机酯，或缩聚成高分子；无机酸大多用来提供氢离子。

无机酸对皮肤有强烈的腐蚀作用，要十分注意。被本品灼伤初期皮肤潮红、干燥，创面苍白、坏死，继而成紫黑色或灰黑色；深部灼伤或处理不当时，可能会形成难以愈合的深溃疡，损及骨膜和骨质；眼睛触高浓度本品时可能引起角膜穿孔；接触本品蒸气，则可能引起支气管炎、肺炎等。

◆ 碱

碱有两种：纯碱和烧碱。在历史上，人类制造纯碱要比烧碱早得多。早在1737年，一个名叫梅尔杜蒙先的炼金家就用食盐为原料，经过一系列化学变化制得了纯碱。他先用加热食盐和硫酸生成硫酸钠，再由硫酸钠和木炭共热得到硫化钠。然后由醋酸跟硫化钠作用得到醋酸钠，最后干馏醋酸钠得到纯碱和丙酮。

（1）纯　碱

在1778年，法国神父马厚比无意中发现用硫酸钠、木炭和铁（后改用氧化铁）一起灼烧，再用水淹取可得到纯碱。这一发明使他建起了世界上第一座纯碱工厂，并得到了高额利润。几乎在同一时间，法国的自然历史教授戴拉迈特里改进了梅尔杜蒙先的方法，也使纯碱生产工业化。

虽然当时法国用上述两种方法已年产几千吨纯碱，但是由于硫酸消耗过大，产品不纯、能耗大、生产周期长等原因，制造出来的纯碱仍不能满足人类日益增长的需要。于是1782年，法国科学院悬赏12000利弗，以奖励有关纯碱生产技术的发明者。

1789年法国化学家勒布朗（1742—1806年）对马厚比的方法作了重大改进，发明了勒布朗制碱法。1791年9月25日，勒布朗获得法国专利权，并在奥利安公爵资助下在巴黎郊区建厂生产纯碱。勒布朗的重大发明，使成千的资本家得以腰缠万贯，但他自己竟穷困潦

纯　碱

倒，最后在救济院中愤然自杀。这正是资本主义给这位化学家的真正奖赏，也是对残酷的资本主义社会的真实写照。

当然，勒布朗制碱法也有耗能多、产量低、污染环境等缺点。时代要求化学家能发明出更加先进的制碱技术。1810年法国物理学家福瑞斯奈尔曾用碳酸氢铵和食盐为原料制取纯碱，他曾一度在英国建厂生产，但由于氨损失太大使工厂亏本，被迫停产；1859年，比利时化学家苏尔维（1838—1922年）利用他父亲煤气厂产生的副产品，轻而易举地发明了新的制碱法。1863年苏尔维正式筹资办厂，两年后纯碱日产量就达到了1.5吨，使纯碱价格从每吨13英镑跌到4英镑（即约133.4人民币跌至41元人民币），从此勒布朗制碱法就退出了历史舞台。

侯德榜

值得一提的是我国化学家侯德榜（1890—1974年）在研究各国生产的苏尔维法后发明了侯氏制碱法。这方法只要在苏尔维氨碱法的滤液中加入固体食盐，就会析出氯化铵晶体，母液还能回到氨碱法生产中。这个方法的优点是母液可以循环使用，原料能得到充分利用，食盐利用率高达96%。这方法发明后立即被世界各制碱厂所重视，侯氏制碱法从此名扬四海。

1917年我国实业家范旭东在天津筹办了永利制碱厂。1926年，我国生产的纯碱获得万国博览会金质奖章。1949年我国还只有塘沽和大连两家制碱厂，产量为8.8万吨；到了1985年，纯碱产量已达20万吨，仅次于美国和前苏联。

（2）烧　碱

烧碱又名苛性碱，许多工业生产中都少不了它。人们最早是用碳酸钠跟石灰水反应而制得烧碱。1897年英国首建水银法电解工厂，使碱的浓度加大。1975年日本和美国相继报道发明了离子膜法，它吸取了隔膜法和水银法的优点，能耗低，无污染，成为氯碱工业的一大成就。我国氯碱工业的发展速度也很快，在1949年烧碱年产量仅1.5万吨，但20世纪80年代产量就猛增到212.3万吨，居世界第五位。

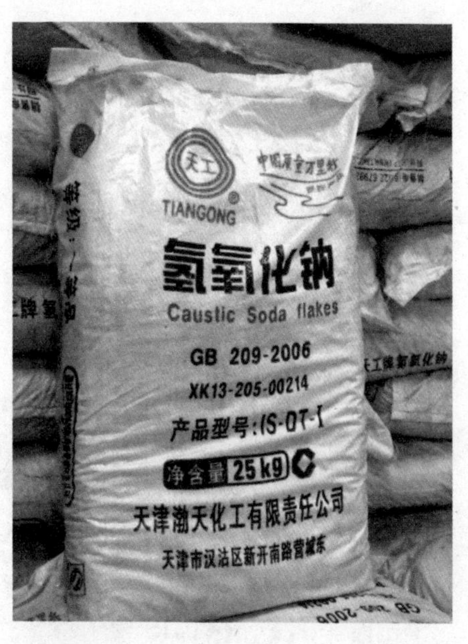

烧　碱

◆ 化　肥

早在几千年以前，农民们就认识到可以用肥料来改善土壤。早期农民们给他们的耕地施堆肥和动物粪肥，他们知道这样做有用，但却不知道到底是什么原因。其实原因就在于这些肥料有助于产生营养物，诸如氮等，而这些营养物在农作物的生长中是必不可少的。

19世纪，科学家们发现了氮的重要作用。农民们开始购买在天然沉积物中找到的硝酸钠，施在自已田里，帮助农作物生长。但这些沉积物不会永远存在下去，因此人们终究需要寻找另外的氮源。幸运的是，氮是一种地球大气中占有五分之四的普通气体。因此科学家们便开始寻求从大气中获得氮的种种途径。

德国化学家弗里茨·哈伯设计了一种生产氨（含氮）的方法。在化学家卡尔·博什改善的一种催化剂（加速化学反应的物质）的帮助下，氢与氮能产生化学反应。这种方法现在称为哈伯-博什制造法。该制造法在1909年公开，氨生产工业从此加速发展，氨也变成了化学肥料的基础，使农作物的产量得到了大幅增加。

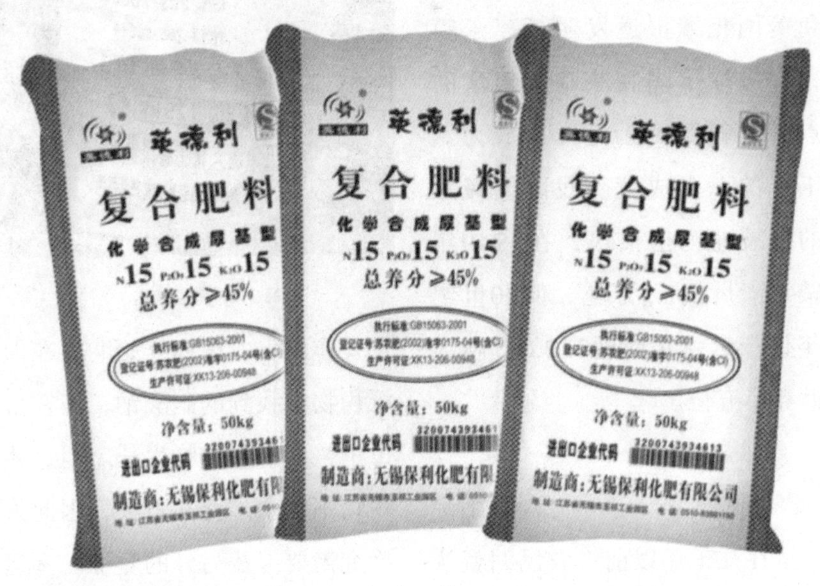

化　肥

哈伯-博什制造法中的“魔术配料”就是“催化剂”。催化剂是一种促进化学反应，而本身不发生变化的物质。哈伯-博什制造法中所使用的催化剂是镍与铁，这两种物质使氮的生产变得更加容易高效。

化肥在为人口快速增长的国家提供食物方面发挥了很大的作用，但是环境专家不赞成使用化肥，因为供水可能会因此受到严重污染，而且氨的生产也会消耗掉大量的能源，不利于环境保护。

染料的发明

蓝印花布

古时候没有合成染料，只有天然染料。古代人染织物的原料是采集来的天然植物和矿物。有些印染方法还一直流传至今，比如中国云南的哈尼族人，至今还用天然的板蓝根溶液来染蓝色的衣服。他们先在地上挖个坑，里面蓄上水，再把板蓝根放在坑里，根里的蓝色物质不断地渗透出来，把池水染成蓝色。然后，他们再将要染制的织物放进池里，过一些时候拿出来，织物就变成美

丽的蓝色了。

人工染料是由英国科学家柏琴最先发明的。1856年夏天，英国皇家学院的二年级学生柏琴利用暑假打工，帮助化学家霍夫曼做试验。试验的目的是要用煤焦油人工合成奎宁，奎宁是治疗疟疾的良药。但试验失败了，他们并没有得到想要的药物，却得到了一块黑色的沉淀物，粘粘糊糊的。

柏琴很讨厌这些黑色的沉淀物，就把酒精浇入装有黑色沉淀物的烧杯，想让它“痛苦地挣扎”一下，然后把烧杯洗干净。没想到的是，装有黑色沉淀物的酒精溶液，像变魔术一样变成了鲜亮透明的紫色溶液。

如果换成别人，也许会将溶液倒掉，因为这不是他想要得到的药物。但是柏琴却想，这种东西多美啊，它会有些什么用呢？他想到了染色，于是抱着试试看的想法，他拿来了一块白布浸入其中，不一会儿，白布就被染成了漂亮的紫色。他又解下自己的羊毛围巾，也把它染成了美丽的紫色围巾。这样，最早的人工染料就这样诞生了。

第三章

最新科技——现代发明

现代科技发明与以往发明的最大特点在于很多新技术的应用，现代发明应用最多的有航空、交通、电子与通信、计算机、核能以及生物海洋和新型材料等方面。回顾现代发明的历史过程，我们可以看到人类努力进取的研究精神。

中国古代发明虽然远远超前于世界其他国家，但从近代开始，中国的科技发明却已经逐渐落后于国外。国外的科技发展日新月异，而中国却几乎止步不前，以至于在很长一段时间内，中国只能是处于落后挨打的地位。新中国成立以后，中国的科技开始崛起，一代一代的科学家们为了振兴中华，都在积极学习国外先进的科学技术，几十年如一日地进行科学研究。在极其艰苦的条件下，中国科学家仍然以不畏艰难的精神取得了很大的成就。可以说，现代发明的历史也就是中国科技崛起的历史，了解这段历史，也有助于增强中国人的民族自尊心。

现代航空

◆ 现代军用航空

军用航空是指用于军事目的的一切航空活动，主要包括作战、侦察、运输、警戒、训练和联络救生等方面。军用航空可以使用轻于空气的航空器，如气球和飞艇，也可以使用重于空气的航空器，如飞机、直升机和滑翔机等。现代军用航空活动主要依靠飞机和直升机。

美国空军飞艇

军用航空在军事上的应用是从气球开始的。1794年法奥战争期间法国成立了第一个气球观察分队，主要担负军事任务。第一次世界大战中曾广泛利用系留气球作为监视对方的空中平台。飞机诞生以后很快就代替气球被用于军事目的，最初主要为炮兵校射和观察服务。第一次世界大战期间，飞机首先用于目视侦察，后来发展到照相侦察。当时为准备一次战役，每天利用飞机拍摄达数千张照片。第二次世界大战期间，航空侦察的作用更为显著。例如，1943年5月间英国空军通过照相侦察发现了德军新式武器V-1和 V-2的研究基地，使英国及时采取了对抗措施。

第一次世界大战期间出现了轰炸机，交战双方都广泛地进行轰炸活动。大战末期，专门设计的轰炸机已使用重达1360千克的大型炸弹。第一次世界大战开始不久，双方为了制止对方的空中侦察和轰炸活动，保障己方侦察和轰炸活动，逐步形成了飞机在空中的格斗。空战使用的飞机都装有固定的重机枪，可以作复杂的机动飞行。第二次世界大战期间，飞机性能和武器装备有了很大改进，但空战方式和战术并没有本质的变化。

轰炸机

将飞机用于军事运输开始得比较晚，在1939年以后，开始大规模地利用空运士兵作战并取得了成功，1940年4月德军用大量容克52运输机满载步兵在挪威法内布机场强行降落，两小时内降落了3000人，着陆部队很快占领了奥斯陆。航空母舰出现以后，作战飞机成为海军装备的重要武器。第二次世界大战期间，许多重要的海上战役都有飞机参加，许多战列舰和航空母舰也都是被飞机击沉或击伤的。而直升机参加军用航空活动始于20世纪40年代初，德军率先用小型直升机进行海上侦察搜索活动；50年代初直升机曾用于营救、医疗和后勤支援等方面；到了60年代，武装直升机在丛林、山地等复杂地形条件下显示出其优异的作战能力，从此获得较快的发展。

军用航空在现代战争中占有日

益重要的地位，使战争逐渐向立体化方向发展。夺取制空权是现代战争取胜的重要手段，也是军用航空的主要活动。飞机在夺取制空权中有重要作用，可以通过空战将敌机消灭在空中；或通过空中袭击、轰炸和强击将敌机和地面防空兵器摧毁或压制在地面上。为削弱敌方空军的作战潜力，还可以对敌方航空工业和飞行人员训练基地等进行袭击。

空降作战和军事空运也是现代战争中一种重要机动作战方式和保障手段，因为它能充分发挥航空快速机动和易于突破地理障碍的有利条件。军用航空的一项重要任务就是从空中用炸弹、导弹、火炮、火箭等对敌方地面和水上目标进行空袭，以消灭、压制敌战场上的兵员和武器装备，支援己方军队作战；或摧毁和破坏敌后方的重要军事目标，削弱其军事实力和战争潜力。军用航空还有一项重要任务，即防御敌方飞机，巡航导弹的袭击。军用航空的任务还包括战争中各种空中支援活动，如空中掩护、航空侦察、空中预警、空中加油和电子对抗等。

随着各类飞机和直升机性能的不断提高，特别是电子技术的迅速发展，军用航空的领域逐步扩大，效能更高。其他武器，特别是地面防空武器、机载导弹性能的不断提高，又给军用航空活动带来许多新的课题，例如：电子对抗技术的广泛运用和地空导弹性能的提高，深入敌区的航空活动将遭到强烈的抗击，突防和反突防的斗争将更加激烈；飞机火控系统和空空导弹系统

中国防空导弹

的不断完善会使空战方式发生很大的变化；在通常以突然袭击开始的现代战争中，空降作战将发挥更大的作用；为了提高军用航空活动的机动性，垂直和短距起落飞机和直升机将得到更广泛的应用。

◆ 现代民用航空

现代民用航空是指利用各类航空器为国民经济服务的非军事性飞行活动。根据飞行目的的不同可将民用航空分为两大类：商业航空和通用航空。前者指在国内和国际航线上的商业性客、货（邮）运输；后者包括用于工业、农牧业、林业、公务、通勤、体育和娱乐等方面的飞行。自20世纪50年代以来，民用航空的服务范围不断扩大，已成为国家的一个重要经济部门。

民用航空飞机

商业航空的发展主要表现在客货运输量的迅速增长，定期航线密布于世界各大洲。由于飞机出行具有的快速、安全、舒适和不受地形限制等一系列优点，商业航空在交通运输结构中占据了特殊的地位，促进了国内和国际贸易、旅游和各种交往活动的发展，使得在短期内开发边远地区成为可能。

通用航空在工、农业方面的服务主要有航空摄影测量、航空物理探矿、播种、施肥、喷洒农药和空中护林等。它具有工作质量高、节省时间和人力的突出优点。直升机在为近海石油勘探服务和空中起重作业中也具有独特的作用。在一些航空业比较发达的国家，通用航空的主要组成部分是政府机构和企业的公务飞行和通勤飞行，这是因航空公司的定期航线不能满足这种分散的、定期和不定期的需要而兴起的飞行。此外，通用航空还包括个人的娱乐飞行、体育表演和竞赛飞行。民用航空的基本要求是安全可靠，而对商业航空的客运和通用航空的通勤、公务飞行来说，还要求准时和舒适。

20世纪70年代以后中国的民用航空事业发展速度较快，到1983年底，国内外航线共有203条，航线总里程37万多千米。其中国际航线23条，通往亚、非、欧、北美、大洋洲的19个国家23个城市，国内航线已将北京与各省（台湾省除外）省会和大城市连结起来，当天即可到达，非常方便快捷。中国民用航空企业还经营航空摄影、航空探矿、海上服务、农业播种等一系列为工农业生产服务的业务（中国称为专业航空）。1980年以后，一些地方政府和其他部门也开始经营诸如海上石油服务和地区旅游等通用航空业务。

农用飞机正在喷洒农药

交通工具

在这个竞争激烈的社会，人们在交通工具上除了追求安全以外，还要求更快与舒适，因而交通工具得到了高速的发展，现代的交通工具形式也越来越多元化。

◆ 油　轮

1886年7月13日，世界上第一艘油轮好运号首次起航。这艘油轮属于德国船舶公司德国－美国石油公司，长97米，可载3000吨油。由于大船的每吨运载价格比较低，因此油轮的体积不断变大。到1914年，世界上最大的油轮——德国－美国石油公司的朱比特号，已可载12000吨原油。1928年世界上最大的油轮是在不来梅建造的斯蒂尔曼号，可载23060吨原油，直到1949

油　轮

年它都保持着世界上最大的油轮的纪录，同时它也是当时世界上最大的用柴油机驱动的船。

日本建造出了很多在世界上都很有名的大型油轮，如1959年日本造的宇宙·阿波罗号是当时世界上第一艘超过十万吨的油轮；1962年，日本造出了11万吨的NisshoMaru号；1966年1月，15万吨的TokyoMaru成为当时世界上最大的油轮，同时它也超过了当时世界上最大的船——英国的客轮伊丽莎白女王号；1966年12月的出光丸号首次超过了20万吨；1968年六艘日本造的宇宙·爱尔兰级（每艘32.6万吨）首次超过了30万吨；1971年，日本造的NissekiMaru号（37.2万吨）再创纪录。

1978年瑞典的一个船坞造了一艘49.9万吨的双螺旋桨油轮，它长365米，宽79米，吃水22.3米，是至今为止世界上最宽的船。1975年日本驻友重工业为香港船主董浩云造了一艘42万吨的油轮“海上巨人”号，这艘船于1979年启用，1980年它的中部又被延长了80米，达到56.4万吨。1991年它被改名为JahreViking号，至今为止它依然是世界上最大的油轮，长458.45米，宽68.9米，吃水24.5米。挪威一个船主分别于1980年和1981年购买的36万吨的BergePioneer号和BergeEnterprise号是世界上最大的柴油驱动油轮。

1992年丹麦建造了世界上第一艘双壳油轮——30万吨的EleoMaersk号。2001年和2002年韩国大宇重工业也建造了四艘45万吨的双壳油轮，它们是几十年来第一批超过40万吨的油轮，也是这个等级的首批双壳油轮，其驱动机是一个八缸柴油机，这也使得它们成为了世界上最大的内燃机船。

◆ 集装箱船

第一艘集装箱船是美国于1957年用一艘货船改装而成的，它的装卸效率比常规杂货船高10倍，停港时间大为缩短，并减少了运输装卸中的货损。从此，集装箱船迅速发

集装箱船

展。到20世纪70年代，集装箱船已经成熟定型。

集装箱船可分为全集装箱船和半集装箱船两种。全集装箱船的全部货舱和上甲板都用于装载集装箱，一般航行在固定的国际航线上。据劳氏船级社统计，1982年世界上全集装箱船吨位数已达1294万总吨，占世界商船总吨数的 3%；半集装箱船则只有部分货舱用于装载集装箱，其余货舱用于装运杂货。半集装箱船的适应能力强，可航行于发展中地区和货源不太稳定的航线，是一种使用灵活和适应性强的多用途杂货船。

集装箱船的形状和结构跟常规杂货船有明显不同。它外形狭长，单甲板，上甲板平直，货舱口大，有的船呈双排或三排并列，货舱口宽度可达船宽的70%~80%。上层建筑位于船尾或中部靠后，以让出更多甲板面积堆放集装箱，甲板和货舱口盖上有系固绑缚设备，甲板上可堆放2~4层集装箱。货舱内部装有固定的格栅导架，以便于集装箱的装卸和防止船舶摇摆时箱子移动，货舱内可堆放3~9层集装箱。货舱内靠舷边部分因不便于装载集装箱，一般做成深舱，可装压载水以改善船舶稳性。集装箱船载货时重心较高，受风面积也比一般船舶大，因此对船的稳性要求很高。装货时重箱宜放在底层，空箱和轻箱宜放在上层以降低船舶重心。

集装箱船要求港口有专用装

卸集装箱设备并具备陆上联运的条件，否则不能发挥其优越性。集装箱船装卸速度高，停港时间短，大多采用高航速，通常为每小时20～23海里。现在为了节能，一般采用经济航速，每小时18海里左右。在沿海短途航行的集装箱船，航速仅每小时十余海里。

鹿特丹港口

◆隧　道

隧道的长度小于500延长米，称之为短隧道；在500~3000延长米之间的，称之为中长隧道；在3000~10000延长米之间的，称之为长隧道；而10000延长米以上的，则称之为特长隧道。隧道的种类很多，按用途分，有铁路隧道、公铁两用隧道、地铁隧道等；按断面形状分，有圆形隧道、拱形隧道、卵形隧道、矩形隧道等；按位置分，有傍山隧道、越岭隧道、水底

隧　道

隧道和地下隧道等；按衬砌结构分，有之墙式衬砌隧洞、曲墙式衬砌隧道、曲边墙式仰拱衬砌隧道等；按隧道内铁路线路数分，有单线隧道、双线隧道和多线隧道等。

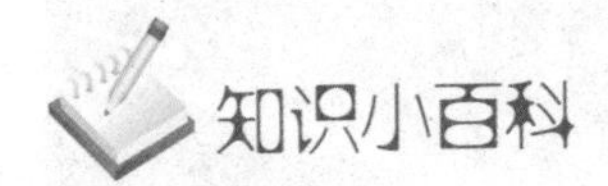

世界著名隧道

青函隧道：此隧道跨越津轻海峡连接日本的北海道和本州，是目前世界上最长的铁路隧道，全长53.9千米，海底长度23.3千米。

英法海底隧道：世界第二长的铁路隧道，长度50.5千米，海底长度37.9千米，也是世界海底长度最长的海底隧道，跨越英吉利海峡连接了英国和法国。

挪威的洛达尔隧道：世界最长的公路隧道，长度24.5千米。

瑞士的圣哥达隧道：世界第三长的公路隧道，长度16.32千米，连接瑞士的乌里州和提契诺州。

秦岭终南山特长公路隧道：亚洲及中国最长的公路隧道，世界第二长公路隧道。它也是世界上最长的双孔公路隧道，长18.02千米。

德拉瓦隧道：最长的输水隧道，全长169千米。

美国的林肯隧道：跨越哈德逊河连接纽约和新泽西州，是世界最繁忙的公路隧道之一，长度2.4千米。

北京五环路的晓月隧道：北京市区内唯一的隧道，也是北京环路的唯一隧道。

高雄港过港隧道：跨越高雄港连接高雄市前镇区和旗津区，是台湾唯一的水底公路隧道。

香港海底隧道：世界上最繁忙的行车隧道之一，全长1.8千米，跨越维多利亚港连接九龙半岛和香港岛，同时也包含了地铁通道。

◆ 地　铁

1863年开通的伦敦大都会铁路是世界上首条地下铁路系统，这条铁路是为了解决当时伦敦的交通堵塞问题而建的。当时电力尚未普及，所以即使是地下铁路也只能用蒸汽机车。由于机车释放出的废气对人体有害，所以当时的隧道每隔一段距离便要有和地面打通的通风槽。

伦敦地铁

到了1870年，伦敦开办了第一条客运的钻挖式地铁，在伦敦塔附近越过泰晤士河。但这条铁路并不算成功，在数月后便关闭。现存最早的钻挖式地下铁路是在1890年开通的，也位于伦敦，连接了伦敦市中心与南部地区。最初铁路的建造者计划使用类似缆车的推动方法，但最后采用了电力机车，使其成为第一条电动地铁。早期在伦敦市内开通的地下铁也于1906年全数电气化。

1896年，当时奥匈帝国的城市布达佩斯也开通了欧洲大陆的第一条地铁，共有5千米，11

站，这条地铁至今仍在使用。法国巴黎的巴黎地铁在1900年开通，最初的法文名字“Chemin de Fer Métropolitain”（法文直译意指“大都会铁路”），是从“Metropolitan Railway”直接译过去的，后来缩短成“métro”，所以现在很多城市轨道系统都称metro。俄罗斯的地铁也顺理成章，只是改用了西里尔字母，称为Metpo。

世界各国地铁

亚洲地铁：亚洲建设地铁的主要目的是为了缓和阻塞的交通。亚洲最早的地铁出现在日本，因为日本都市人口密集，为疏导交通而广兴地铁。20世纪后半叶，亚洲各地的地铁飞速发展。但除了日本和石油生产国，不少发展中国家的地铁路线都是用发达国家的援助资金兴建的。

日本地铁

欧洲地铁：自英国伦敦地铁通车以来，20世纪中叶前在欧洲的许多大都市都建设了地

铁。

北美洲地铁：美国第一条地铁出现在波士顿，但规模最大的却是纽约地铁系统，以曼哈顿岛（纽约中央车站）为中心向外辐射，总长超过1000千米。其中曼哈顿岛地区大都采用地下设计，但也有不少高架路段（在曼哈顿岛之外的路段大都是高架设计）。纽约地铁曾屡次在电影等大众传媒中登场，具有极高的知名度。其他城市的地铁建设也在推进，大部分集中在东部地区，如波士顿、费城、华盛顿、芝加哥等。除此以外，中西部的洛杉矶、旧金山，海外领土波多黎各也有地铁。其中旧金山的BART被部分人士评价为全美最好的运输系统。

南美洲地铁：南美第一个地铁于1913年12月在阿根廷首都布宜诺斯艾利斯开通。目前在南美大陆中有地铁的国家有5个，即巴西、智利、哥伦比亚、委内瑞拉和阿根廷。

非洲地铁：非洲在二次世界大战前是欧洲发达国家的殖民地，没有建设地铁。2005年，埃及首都开罗的地铁通车，这也是非洲第一条地铁。在埃及还有为了应对色狼而专门引入的女性专用车辆。

◆ 高速公路

秦直道可以算是世界上最早的高速公路。秦直道，南起京都咸阳军事要地云阳林光宫（今淳化县梁武帝村），北至九原郡（今内蒙古包头市西南孟家湾村），全程穿越14县，绵延700多千米。路面最宽处约60米，一般也有20米。据《史记》载："自九原抵甘泉，堑山堙谷，千八百里。"《汉书》称："道广五十丈，三丈而树，厚筑其外，隐以金椎，树以青松。"可见其工程的艰巨、宏伟。

秦直道的确可以称得上是世界

秦直道风景

公路工程的奇迹，它纵穿陕北黄土高原，沿海拔1600多米的子午岭东侧北上，在延安境内就跨越了黄陵、富县、甘泉、志丹4个县域，然后向东北延伸，通往内蒙古包头市。其道历经2000年后大部分路面仍保存完好，坚硬的路基上竟有几处只有杂草衍生，竟未长乔木。尤其是甘泉县境内的方家河秦直道遗迹，跨河引桥桥墩依然存在，夯土层十分清晰。清嘉庆年间文献记载："若夫南及临潼，北通庆阳，车马络绎，冠盖驰驱……"这表明秦直道的荒废仅是近几百年的事。

而世界上最早的现代高速公路出自德国，由阿道夫·希特勒修建。

各国高速公路

目前，全世界已有80多个国家和地区建设了高速公路，通车总里程超过了23万千米。

第一名是美国，美国于1937年开始修筑宾夕法尼亚州收税高速公路，长257千米。目前，美国拥有约10万千米高速公路，位居世界第一。美国已建设完成以州际为核心的高速公路网，其总里程约占世界高速公路总里程的一半，连接了全美所有5万人以上的城镇。

美国的高速公路建设有一套严格的评估、规划立项、投融资以及维护管理机制，每个项目的认证至少要两年时间。高速公路建设资金投入的比例分别为州政府19.6%，地方县市77.4%，联邦政府3%，平时维护费用主要由州政府负责。

第二名是中国，到2008年底，中国的高速公路总里程已经超过了6万千米，位居世界第二。中国台湾省于1978年底建成的基隆至高雄的中山高速公路长 373千米。1988年10月31日，上海至嘉定18.5公里高速公路建成通车，中国大陆从此有了高速公路。此后，我国高速公路建设突飞猛进：2004年8月底就突破了3万千米，比位居世界第三的加拿大多出近一倍。

我国目前用于高速公路建设的资金主要来源于各种专项税费和财政性资金（如车购税、养路费、国债、地方财政等）、转让经营权、直接

高速公路

利用外资、通行费收入、企业自筹资金以及国内外银行贷款。其中银行贷款占了很大比重。

第三名是加拿大，共修建了1.65万千米高速公路，而且不征收车辆通行费，所以路上也没有收费站、检查站。

第四名是德国，拥有1.1万千米高速公路，建于1931至1942年的波恩至科隆高速公路是世界上第一条高速公路。德国的公路系统由联邦远程公路、州级公路、县市级公路和乡镇级公路组成，公路总里程约65万千米，公路面积约占国土面积的4.8%，其中约1.8%为高速公路，高速公路总里程达1.1万多千米。

第五名是法国，目前拥有1万千米高速路，由于采取了大量吸收民间投资的方法，有力地推动了高速公路的建设速度，拥有全世界最发达的公共交通系统。

◆ 轨道交通

轨道交通有很多种，以下介绍几种常见的轨道交通形式：

城市轨道交通系统：也称地下铁路或捷运。

区域铁路：也称通勤铁路。

轻便铁路：也称轻轨或轻铁。

有轨电车：有轨电车是一种公共交通工具，也称路面电车或简称电车，属轻铁／轻轨的一种。

缆索铁路：亦称缆车，包括登山的缆车及以缆索拉动的市区电车。

高速铁路：高速铁路是指营运

速率超过每小时200千米的铁路运输系统。

齿轨铁路：齿轨铁路是一种登山铁路。一般铁路可以攀爬的斜坡坡度约为4%~6%，间中也可越过短的9%路段。

单轨铁路：单轨铁路，简称单轨，是铁路的一种，特点是使用的轨道只有一条，而非传统铁路的两条平行路轨。

磁悬浮铁路：磁悬浮列车是一种靠磁悬浮力（即磁的吸力和排斥力）来推动的列车。

索道：索道又称吊车、缆车、流笼（缆车又可以指缆索铁路），是交通工具的一种，通常在崎岖的山坡上运载乘客或货物上下山。

快速公交系统：它是利用现代巴士技术（如大容量、低地板、低成本的巴士和先进的光学导向巴士），在城市道路上设置巴士专用道或修建巴士专用路，再配合智能交通系统技术，采用轨道交通的运营管理模式（车站买票上车），实现接近轻轨交通服务水平的新型公共交通方式。

快速公交系统

空间技术

空间技术是探索、开发和利用宇宙空间的技术，又称为太空技术和航天技术。空间技术的目的是利用空间飞行器作为手段来研究发生在空间的物理、化学和生物等自然现象。我国的航天专家将空间技术的主要特点概括为两个方面：首先，空间技术是一门高度综合性的科学技术，是很多现代科学和技术成就的综合集成。它主要依赖于电子技术、自动化技术、遥感技术和计算机技术等众多先进技术的发展。因此，一个国家空间技术的成就，最能体现其科学技术的水平，是衡量其科技实力的重要标志。其次，空间技术是一门快速的、大范围的、在宏观尺度上最能发挥作用的科学技术。

太空云层

这两点也是空间技术区别于一般常规技术的地方，这些对一个国家的实力和进步起到了意想不到的战略性作用。

在经济上，空间技术能产生很高的经济和社会效益。科学家普遍认为，开发利用外层空间资源，其投资效益能达到1：10以上。

在军事上，空间技术最能体现

一个国家的军事实力。一个国家只要占有空间优势，就掌握了军事战略上的主动权；

在政治上，空间技术对提高一个国家在国际活动中的地位影响深远。一项重大空间成就，往往能成为国际谈判的重大筹码；

在科学技术上，空间技术还能带动电子、自动化、遥感、生物等学科的发展，并形成包括卫星气象学、卫星海洋学、空间生物学和空间材料工艺学等一系列新的边缘科学。

空间技术的开创和发展是人类开拓宇宙空间的一项壮举。自20世纪50年代崛起以来，空间技术以其辉煌的成就对国际政治、军事产生了巨大的影响，也对人类的经济文明作出了举世瞩目的贡献。几十年来，在空间技术取得的所有重大成就中，各类卫星占据了最显眼的位置。

◆火　星

在太阳系所有的行星中，最引人注目的就要属火星了。它的体积比地球略小，而且外围也围绕有一层大气。1903年5月，美国天文学家洛威尔用望远镜发现火星上面有许多深色的直线，他认为那是火星上的运河。推测下去的话，既然有运河，当然就有开凿和使用运河的“人”了。于是“火星人”的说法在当时轰动一时。以致在20世纪30年代，有人编演的科幻广播剧《大战火星人》在美国电台广播时，许多人竟真的以为火星人前来侵犯地球了，几乎引起了一场全国性的巨大恐慌。

进入60年代以后，随着观测仪

火　星

的改进，人们终于发现，所谓的“火星运河”原来不过是一些环形山和陨石坑的偶然排列。从现已查明的火星环境来看，火星是个荒芜的沙漠，上面没有液态水，大气稀薄，温度又低，因而它上面存在生命的可能性很小。即使有生命存在，也只能是极低等的微型生物，绝不会是智慧生物。

至此，火星之谜似乎已尘埃落定。不料在1976年7月由美国发射的火星探测器“海盗1号”传回地球的照片中，人们又有了一个重大发现。这些照片中的一张上面，出现了一个类似人脸的巨大建筑。美国宇航局研究小组使用了最新的计算机处理技术对该照片进行了分析，最后认定该人脸形建筑是修筑在一个巨大的长方形台基上的，以鼻子为中心，有左右对称的眼睛和略为张开的嘴巴。据测算，该建筑物长2.6千米，宽2.3千米。“海盗1号”从不同角度拍下了多幅该物体的照片，从这些照片上可以清楚地看出，它确实是个人脸型的建筑物，而不是由于光线投影关系造成的假相。

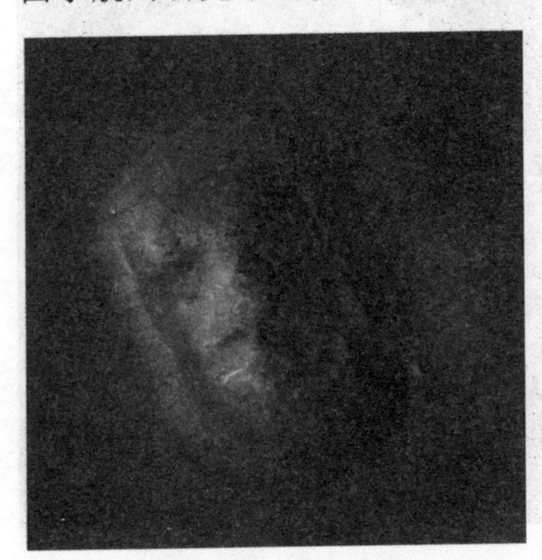

火星表面人脸形建筑

这一消息一经传出便震惊了全世界，有些人认为，现在火星上虽然荒凉，但在古代的火星上，应该曾经生存过一群与人类相似的有智慧的生物，这些建筑就是他们建造的。这些人推测，在距今几亿年前，火星上气候和现在地球上一样湿润，有丰富的水源。当时火星上有许多河流，现在仍可觅见其遗迹。空气的成分也与地球相似。因此，当时的火星上很可能存在与地球人相似的生物。甚至有人认为，人脸形建筑眼睛下方具有眼泪状的痕迹，也许就是火星人灭亡前向宇

宙生物界发出的警告。

人类第一次对火星的探测是由“水手4号”飞行器在1965年进行的。之后人类又接连作了几次尝试，包括1976年的两艘“海盗号”飞行器。此后，在沉寂了长达20年之后，在1997年的7月4日，火星探路者号终于成功登上火星。从发回的照片来看，火星的轨道是显著的椭圆形。因此，在火星上接受太阳照射的地方，近日点和远日点之间的温差有将近160℃。这对火星的气候产生了巨大的影响。火星上的平均温度大约为218K（–55℃，–67℉），但却具有从冬天的140K（–133℃，–207℉）到夏日白天的将近300K（27℃，80℉）的温差跨度。

火星和地球一样拥有多样的地形地貌，表面有高山、平原和峡谷等。由于重力较小等因素，火星的地形尺寸与地球相比也有不同的地方。南北半球的地形有着强烈的对比：北方是被熔岩填平的低原，南方则是充满陨石坑的古老高地，而两者之间以明显的斜坡分隔；火山地形穿插其中，众多峡谷也分布各地，南北极则有以干冰和水冰组成的极冠，风成沙丘也广布整个星球。尽管火星比地球小得多，但它的表面积却相当于地球表面的陆地面积。而随着卫星拍摄的越来越多，探测活动越来越深入，人类在火星上也发现了越来越多的耐人寻味的地形景观。

火星地貌

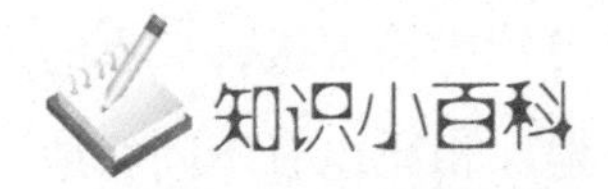

火星探测活动

1996年，著名天文学家卡尔·萨根在应NASA（美国宇航局）要求而写的报告中列举了探测火星的几大理由：

（1）火星是地球上人类可以探索的最近行星；

（2）我们推测，大约在40亿年以前，火星与地球气候相似，也有河流、湖泊甚至可能还有海洋，是未知的原因使得火星变成今天这个模样。探索使火星气候变化的原因，对保护地球的气候条件具有重大意义；

（3）火星有一个巨大的臭氧洞，太阳紫外线没遮拦地照射到火星上。可能这就是"海盗1号""海盗2号"未能找到有机分子的原因。火星研究有助于了解地球臭氧层一旦消失对地球的极端后果；

（4）在火星上寻找历史上曾经也许有过的生命化石，这是行星探测中最激动人心的目的之一。如果能找到，就意味着只要条件许可，生命就能在宇宙中的行星上崛起；

（5）查明今日火星上有无绿洲，绿洲上有无生命以及生命存在的形式类型；

（6）火星探测是许多新技术的试验场地，这些技术包括大气制动利用火星资源产生氧化剂和燃料返程用遥控自动仪和取样远程通讯等；

（7）虽然南极陨石提供了火星上少数未知地域的样本，但只有空间探测才能窥其全貌；

（8）从长远来看，火星是一个可供人们移居的星球；

（9）由于历史的原因，公众对火星探测的支持和共鸣是任何其他空间探测对象难以比拟的。火星探测是进行国际间友好合作的一项具有重大意义的科学活动，有助于促进世界科学研究的交流与合作。

“凤凰号”火星探测器

◆ 月　球

在太阳系中，月球是离地球最近的一个天体，距离地球有38.4万千米。天文学家早已用望远镜详细地观察了月球，对月球地形几乎是了如指掌。月球上有山脉和平原，有累累坑穴和纵横沟壑，但没有水和空气，昼夜温差悬殊，整个月球上一片死寂和荒凉。尽管巨型望远镜能分辨出月球上50米左右的目标，但仍不如实地考察那样清楚。因此，月球成为了人类最先探访，也是人类至今唯一一个亲身访问过的地外天体。

据测算，月球的年龄大约有46亿年了。月球直径约3476千米，是地球的1/4、太阳的1/400。月球的体积只有地球的1/49，质量约7350亿亿吨，相当于地球质量的1/80左右，月球表面的重力约是地球重力的1/6。月球有壳、幔、核等分层结构，最外层的月壳平均厚度约为60~65千米；月壳下面到1000千米深度是月幔，它占了月球的大部分体积；月幔下面是月核，月核的温度约为1000℃，很可能是熔融状态的。

人类很早就开始进行月球探测尝试了。美国是最早发射月球探测器的国家，它于1958年8月18日发射了月球探测器，但由于第一级火箭升空爆炸，这次月球探测活动半途夭折了。随后美国又相继发射3个“先锋号”探测器，均以失败告终。1959年1月2日，前苏联发射了“月球1号”探测器，途中飞行顺利，1月4日从距月球表面7500千米的地方通过，遗憾的是未能命中月球。这个探测器重361.3千克，上面装有当时最先进的通信探测设备。它在9个月后成为第一颗人造行星飞往太空深处。“月球1号”发射两个月后的3月3日，美国发射的“先锋4号”探测器，从距月面59000千米的地方飞过，但可惜的是也未能击中月球。

“月球号”探测器

从1958年至1976年间，前苏联先后发射了24个“月球号”探测器，其中有18个完成了探测月球的任务。1959年9月12日发射的是“月球2号”，它两天后飞抵月球，在月球表面的澄海硬着陆，成为到达月球的第一位使者，首次实现了从地球到另一个天体的飞行。但它的科学仪器舱内所载的无线电通信装置在撞击月球后便停止了工作。同年10月4日“月球3号”探测器飞往月球，3天后环绕到月球背面，拍摄了第一张月球背面的照片，让地球上的人们首次看到了月球的面貌。

1966年1月31日发射的“月球9号”是世界上第一台在月球软着陆的探测器。它经过79小时的长途飞行之后，在月球的风暴洋附近着陆，并用摄像机拍摄了月面照片。这个探测器重1583千克，在到达距月面75千

米时，重100千克的着陆舱与探测器本体分离，靠装在外面的自动充气气球缓慢着陆成功。1970年9月12日发射的“月球16号”，9月20日在月面丰富海软着陆，第一次使用钻头采集了120克月岩样本，装入回收舱的密封容器里，于24日带回地球。1970年11月10日，“月球17号”载着世界上第一辆自动月球车上天。17日在月面雨海着陆后，“月球车1号”下到月面进行了为期10个半月的科学考察。这辆月球车重756千克，长2.2米，宽1.6米，上面装有电视摄像机和核能源装置。它在月球上的行程为10540米，共考察了8千平方米月面地域，拍摄了200幅月球全景照片和20000多张月面照片，直到1971年10月4日核能耗尽才停止工作。1973年1月8日发射的“月球21号”，把“月球车2号”送上月面考察更是取得了更多的成果。最后一个探测器是“月球24号”探测器，于1976年8月9日发射，8月18日在月面危海软着陆，钻采并带回了170克月岩样品。

“徘徊者”、“勘测者”探测器

美国继前苏联之后，先后发射了9个“徘徊者”号和7个“勘测者”号月球探测器。“徘徊者”探测器样了像个大蜻蜓，长3米，两翼太阳能电池板展开4.75米。探测仪器装在前部，电视摄像机放在尾部。“勘测者”探测器有3只脚，总重达1吨，装有当时最先进的探测设备。最初5个“徘徊者”探测器均无建树，直到1964年1月30日发射的“徘徊者6号”才在月面静海地区成功着陆。但由于电视摄像机出现故障，没有能够拍回照片。同年7月28日“徘徊者7号”发射成功，在月面云海着陆，并拍摄到4308张月面特写照片。随后1965年2月17日发射的“徘徊者8号”和3月24日发射的“徘徊者9号”，都在月球上着陆成功，并分别拍回7137张和5814张月面近景照片。1966年5月30日发射“勘测者1号”

新型探测器，经过64小时的飞行，在月面风暴洋软着陆，向地面发回11150张月面照片。到1968年1月1日发射的7个“勘测者”探测器中，有2个失败，5个成功。后来，美国又发射了5个月球轨道环行器，为“阿波罗”载人登月选择着陆地点提供探测数据。经过这一系列的无人探测之后，月球的庐山真面目逐渐显露出来了。

◆ 太空探测器

飞向太阳系其他天体的航天器叫行星探测器。行星探测器的飞行轨迹叫航线（或轨道），航行器以大于第二宇宙速度而小于第三宇宙速度的速度摆脱地球引力后按抛物线轨迹飞离地球，然后在太阳引力作用下以椭圆轨道绕太阳飞行。速度愈大，它的椭圆轨道愈扁长，到达的距离就愈远。因此，选择不同的初速度，可使探测器到达火星、木星、冥王星等地外行星及其卫星。如果是沿地球公转相反的方向飞行，探测器在远日点入轨后，将在太阳引力作用下在地球轨道内侧的椭圆轨道上绕太阳飞行，可与金星、水星等地内行星相遇。如果达到第三宇宙速度，则它以双曲线轨道飞离地球，而后以抛物线轨迹飞离太阳。选择适当的发射时间，它也可与地外行星相遇。

太空探测器

由上可知，飞向太阳系其他天体的航线（轨道）不只一条。由于各种轨道所要求的初始速度不同，而初始速度最小则能量最省，因而初始速度最小的轨道被称为能量最省轨道。飞向行星的能量最省航线只有一条，这就是与地球轨道及目

标行星轨道同时相切的双切椭圆轨道。它是奥地利科学家霍曼在1925年首先提出来的，因而又叫“霍曼轨道”。霍曼轨道以太阳为一个焦点，远日点（或近日点）和近日点（或远日点）分别位于地球轨道和目标行星轨道上。轨道的长轴则等于地球轨道半径与目标行星轨道半径之和。

但用能量最省航线飞向远距离行星的时间非常漫长，如飞向冥王星约需46年。为节省时间，需采用其他航线，或者在航程中用自备动力加速，或者借助其他行星的引力加速，但这样一来，其轨迹就不再是单纯的椭圆、抛物线或双曲线了。飞向月球的航线与飞向行星的航线类似，因此在实际应用中为了克服火箭发射场地理位置的局限，飞向月球和行星的探测器一般先进入绕地球飞行的过渡轨道，然后在合适的方位上加速进入预定航线。

电子与通信技术

世界上所有国家的手机通信技术和通信产业是20世纪80年代以来发展最快的领域之一，这也是人类进入信息社会的重要标志之一。

通信就是互通信息。从这个意义上来说，通信在远古的时代就已存在。人与人之间的对话就是一种通信，用手势表达情绪也可算是通信；后来用烽火传递战事情况是通信，快马与驿站传送文件当然也可算是通信。

而现代的通信一般是指电信，国际上称为远程通信。通信的发展可分为以下三个阶段：

第一阶段是语言和文字通信阶段。在这一阶段，通信方式简单，内容单一。

第二阶段是电通信阶段。1837

年，莫尔斯发明电报机，并设计莫尔斯电报码。1876年，贝尔发明电话机。这样一来，利用电磁波不仅可以传输文字，还可以传输语音，因此大大加快了通信的发展进程。1895年，马可尼发明无线电设备，从而开创了无线电通信发展的道路。

贝　尔

第三阶段是电子信息通信阶段。

从总体上看，通信技术实际上就是通信系统和通信网的技术。通信系统是指点对点通信所需的全部设施，通信网是由许多通信系统组成的多点之间能相互通信的全部设施。而现代的主要通信技术有数字通信技术、程控交换技术、信息传输技术、通信网络技术、数据通信与数据网、ISDN与ATM技术、宽带IP技术、接入网与接入技术等。

网　络

◆ 网　络

与很多人的想象相反，Internet并非某一完美计划的结果，Internet的创始人也绝不会想到它能发展成目前的规模和影响。在Internet面世之初，没有人能想到它会进入千家万户，也没有人能想到它的商业用途。

从某种意义上来说，Internet是美苏冷战的产物。20世纪60年

代对于美国来讲，是一个很特殊的时代。60年代初，爆发了古巴核导弹危机，美国和原苏联之间的冷战状态随之升温，核毁灭的威胁成了人们日常生活的话题。在美国对古巴封锁的同时，越南战争爆发，许多第三世界国家发生政治危机。由于美国联邦经费的刺激和公众恐惧心理的影响，“实验室冷战”也开始了。人们认为，能否保持科学技术上的领先地位，将对战争的胜负将产生决定性的影响。而科学技术的进步依赖于电脑领域的发展，所以到了60年代末，每一个主要的联邦基金研究中心，包括纯商业性组织、大学，都有了由美国新兴电脑工业提供的最新技术装备的电脑设备。电脑中心互联以便共享数据的思想得到了迅速发展传播。

美国国防部认为，如果仅有一个集中的军事指挥中心，万一这个中心被原苏联的核武器摧毁，全国的军事指挥将处于瘫痪状态，后果将不堪设想。因此有必要设计一个分散的指挥系统，它由一个个分散的指挥点组成，当部分指挥点被摧毁后其他点仍能正常工作，而这些分散的点又能通过某种形式的通讯网取得联系。1969年，美国国防部高级研究计划管理局开始着手建立一个命名为ARPAnet的网络，目的是把美国的几个军事及研究用电脑主机联接起来。当初，ARPAnet只联结了4台主机，从军事要求上是置于美国国防部高级机密的保护之下，从技术上看它还不具备向外推广的条件。

1983年，ARPA和美国国防部通信局研制成功了用于异构网络的TCP/IP协议，美国加利福尼亚伯克莱分校把该协议作为其BSD UNIX的一部分，使得该协议得以在社会上流行起来，从而诞生了真正的Internet。1986年，美国国家科学基金会利用ARPAnet发展出来的TCP/IP 的通讯协议，在5个科研教育服务超级电脑中心的基础上建立了NSFnet广域网。那时，ARPAnet的军用部分已脱离母网，建立了自己的专门网络——Milnet。而且由

于美国国家科学基金会的鼓励和资助，很多大学、政府资助的研究机构甚至私营的研究机构纷纷把自己的局域网并入NSFnet中，被称为网络之父的ARPAnet逐步被NSFnet所替代。到了1990年，ARPAnet已退出了历史舞台。如今，NSFnet已成为Internet的重要骨干网之一。

1989年，CERN成功开发WWW，为Internet实现广域超媒体信息截取/检索奠定了基础。到了20世纪90年代初期，Internet事实上已成为一个“网中网”——各个子网分别负责自己的架设和运作费用，而这些子网又通过NSFnet互联起来。由于NSFnet是由政府出资，因此，当时Internet最大的老板还是美国政府，只不过在一定程度上加入了一些私人小老板。Internet在80年代的扩张不单带来了量的改变，同时也带来了质的某些改变。由于多种学术团体、企业研究机构，甚至个人用户的进入，Internet的使用者不再限于电脑专业人员。新的使用者发觉，加入Internet除了可共享NSFnet的巨型机外，还能进行相互间的通讯，而相比之下，这种相互间的通讯对他们来讲更有吸引力。于是，他们不仅仅只是共享NSFnet巨型机的运算能力，而是逐步把Internet当成了一种交流与通信的工具。

在20世纪90年代以前，Internet的使用一直仅限于研究与学术领域。商业性机构进入Internet一直受到这样或那样的法规或传统问题的困扰，因为例如像美国国家科学基金会等那些曾经出资建造Internet的政府机构对Internet上的商业活动并不感兴趣。到1991年，美国有三家公司分别经营着自己的CERFnet、PSInet及Alternet 网络，可以在一定程度上向客户提供Internet联网服务。他们组成了“商用Internet协会”（CIEA），宣布用户可以把它们的Internet子网用于任何的商业用途。Internet商业化服务提供商的出现，使工商企业终于可以堂堂正正地进入Internet。商业机构一踏入Internet这一陌生的世界就发现

了它在通讯、资料检索、客户服务等方面的巨大潜力。于是，其势一发不可收拾。世界各地无数的企业及个人纷纷涌入Internet，带来Internet发展史上一个新的飞跃。

Internet目前联系着超过160个国家和地区、4万多个子网、500多万台电脑主机，直接的用户超过4000万，成为世界上信息资源最丰富的电脑公共网络。Internet被认为是未来全球信息高速公路的雏形。

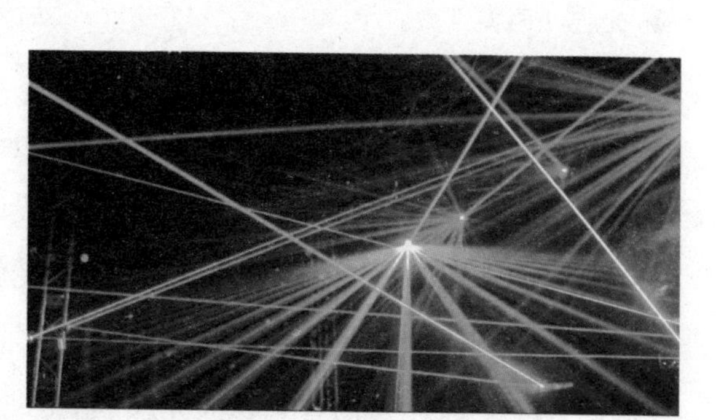

激 光

◆ 激 光

激光的最初的中文名叫做“镭射”“莱塞”，是它的英文名称LASER的音译，是取自英文Light Amplification by Stimulated Emission of Radiation的各单词头一个字母组成的缩写词，意思是“通过受激发射光扩大”。激光的英文全名也已经完全表达了制造激光的主要过程。1964年我国著名科学家钱学森建议将“光受激发射”改称“激光”，并沿用至今。

激光是20世纪以来，继原子能、计算机、半导体之后，人类的又一重大发明，被称为“最快的刀”“最准的尺”“最亮的光”和“奇异的激光”。它的亮度为太阳光的100亿倍。早在1916年著名的物理学家爱因斯坦就已经发现了它的原理，但直到1958年激光才被首次成功制造出来。激光是在有理论准备和生产实践迫切需要的背景下应运而生的，它一问世，就获得了异乎寻常的飞速发展。激光的发展使古老的光学科学和光学技术获得了新生，使人们可以有效地利用前所未有的先进方法和手段，去获得空前的效益和成果，从而促进了生产力的快速发展。

◆ 光导纤维

1870年的一天，英国物理学家丁达尔到皇家学会的演讲厅讲光的全反射原理，他做了一个简单的实验：在装满水的木桶上钻个孔，然后用灯从桶上边把水照亮。结果使观众们大吃一惊。人们看到，放光的水从水桶的小孔里流了出来，水流弯曲，光线也跟着弯曲，光居然被弯弯曲曲的水俘获了。

原来人们早就发现光能沿着从酒桶中喷出的细酒流传输，还发现光能顺着弯曲的玻璃棒前进。这是为什么呢？难道光线不再直行了吗？这些现象引起了丁达尔的注意。经过研究，丁达尔发现这是全反射作用的结果，即光从水中射向空气，当入射角大于某一角度时，折射光线消失，全部光线都反射回水中。从表面上看，光好像是在水流中弯曲前进。实际上，在弯曲的水流里，光仍是沿直线传播的，只不过在内表面上发生了多次全反射，光线经过多次全反射而继续向前传播。

后来人们根据这个实验结果制造出了一种透明度很高、像蜘蛛丝一样粗细的玻璃丝——玻璃纤维，当光线以合适的角度射入玻璃纤维时，光就沿着弯弯曲曲的玻璃纤维前进。由于这种纤维能够用来传输光线，所以称它为光导纤维。光导纤维被广泛应用于通信技术行业。1979年9月，一条3.3千米的120路光缆通信系统在北京建成，几年后上海、天津、武汉等地也相继铺设了光缆线路，利用光导纤维进行通信。

利用光导纤维进行的通信叫光纤通信。一对金属电话线至多只能同时传送一千多路电话，而根据理论计算，一对细如蛛丝的光导纤维可以同时通一百亿路电话！铺设1000千米的同轴电缆大约需要500吨铜，改用光纤通信只需几千克石英就可以了。而沙石中就含有大量石英，所以几乎是取之不尽的。另外，利用光导纤维制成的内窥镜，

可以帮助医生检查胃、食道、十二指肠等器官的疾病。光导纤维胃镜是由上千根玻璃纤维组成的软管，它有输送光线、传导图像的本领，又有柔软、灵活、可以任意弯曲等优点，可以通过食道插入胃里。光导纤维把胃里的图像传出来，医生就可以窥见胃里的情形，然后根据情况进行诊断和治疗。

可视电话是利用电话线路实时传送人的语音和图像（用户的半身像、照片物品等）的一种通信方式。如果说普通电话是“顺风耳”的话，可视电话就既是“顺风耳”，又是“千里眼”了。可视电话设备由电话机、摄像设备、电视接收显示设备及控制器组成。可视电话的话机和普通电话机一样是用来通话的；摄像设备的作用是摄取本方用户的图像传送给对方；而电视接收显示设备的作用是接收对方的图像信号并将对方的图像显示在荧屏上。

根据图像显示的不同，可将可视电话分为静态图像可视电话和动态图像可视电话。静态图像可视电话在荧光屏上显示的图像是静止的，图像信号和语音信号利用现有的模拟电话系统交替传送，即传送图像时不能通话。传送一帧用户的半身静止图像需5～10秒；而动态图像可视电话所显示的图像是活动的，用户可以看到对方笑逐颜开或说话时的形象。动态图像可视电话图像信号因包含的信息量大，所占的频带宽，不能直接在用户线上传输，需要把原有的图像信号数字化，变为数字图像信号，而后还必需采用频带压缩技术，对数字图

可视电话

像信号进行“压缩”，使这所占的频带变窄，这样才可在用户线上传输。动态图像可视电话的信号因是数字信号，所以要在数字网中进行传输。

可视电话还可以加入录像设备，就像录音电话一样，把图像录制下来，以便保留。静态图像可视电话现已在公用电话网上使用，而动态图像可视电话因成本较所以高尚未大量应用。但是可以预料，随着微电子技术的发展，大规模、超大规模集成电路的广泛使用，以及综合业务数字网的迅速发展，动态图像可视电话必然会在未来的通信中发挥重要的作用。

◆ 声控技术

声控技术是按照模拟人的听觉和理解系统原理实现的。一般的声控电脑设备在应用之前都要进行长时间的“训练”，这个“训练”过程有点类似教婴儿听说。首先要把我们知道的告诉声控电脑设备，比如一句话怎么说才正确。电脑在“学习”这些话时，会把这些话拆成字或拼音中的声母和韵母，然后一点一点学习。这个“训练”或“学习”过程很费时间。当然，“学习”时间越长，该声控设备也就越灵活。

声控技术是随着电脑的广泛应用而出现的。这种崭露头角的声控技术，给严重伤残人的生活带来了极大的方便，他们只需要用声音就可以打开门窗、窗帘、电视机、电灯等。在其他领域里，声控技术也大有用武之地。比如飞机在飞行或空战中，一旦飞行员身体负了伤，他还可以用声音来驾驶飞机。声音识别器将飞行员的讲话声音与贮存的声音相比较，只要声音一致，飞机就能自动地完成各种动作，从而化险为夷。

◆ 数字电视

数字电视就是指从演播室到发射、传输、接收的所有环节都是使用数字电视信号或对该系统所有的

信号传播都是通过由0、1数字串所构成的数字流来传播的电视类型。数字信号的传播速率是每秒19.39兆字节，如此大的数据流的传递保证了数字电视的高清晰度，克服了模拟电视的先天不足。同时，由于数字电视可以允许几种制式信号的同时存在，每个数字频道下又可分为几个子频道，从而既可以用一个大数据流，即每秒19.39兆字节；也可将其分为几个分流，例如4个，每个的速度就是每秒4.85兆字节。这样虽然图像的清晰度要大打折扣，却可大大增加信息的种类，满足不同的需求。例如在转播一场体育比赛时，观众需要高清晰度的图像，电视台就应采用每秒19.39兆字节的传播；而在进行新闻广播时，观众注意的是新闻内容而不是播音员的形象，所以没必要采用那么高的清晰度，这时只需每秒3兆字节的速度就可以了，剩下16.39兆字节可用来传输别的内容。

如今，数字电视是人们谈论最多的热闹话题之一。由于数字电视是种新鲜事物，一些相关报道

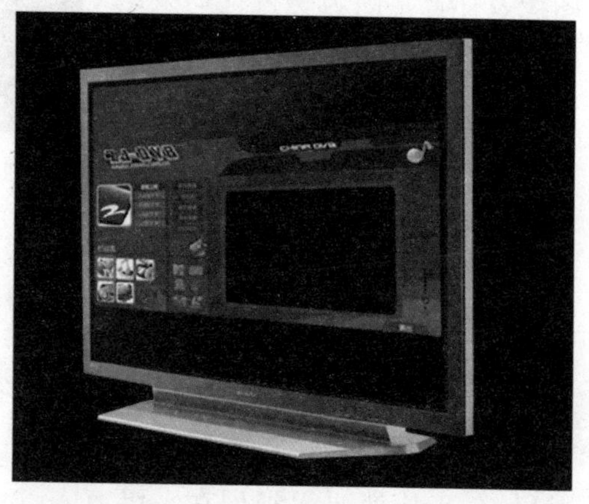

数字电视

及文章介绍中出现似是而非的概念，诸如“数码电视”“全数字电视”“全媒体电视”“多媒体电视”等，使人众感到困惑。其实，“数字电视”的含义并不是指我们一般人家中的电视机，而是指电视信号的处理、传输、发射和接收过程中使用数字信号的电视系统或电视设备。其具体传输过程是：由电视台送出的图像及声音信号，经数字压缩和数字调制后，形成数字电视信号，经过卫星、地面无线广播

或有线电缆等方式传送，由数字电视接收后，通过数字解调和数字视音频解码处理还原出原来的图像及伴音。因为全过程均采用数字技术处理，因此，信号损失小，接收效果好。

人造卫星

◆ 人造卫星

人造卫星的概念可能始于1870年，第一颗被正式送入轨道的人造卫星是前苏联1957年发射的“人卫1号”。从那时起到现在，已有数千颗人造卫星环绕地球飞行。人造卫星还被发射到环绕金星、火星和月亮的轨道上。随着现代科技的不断发展，人类不断研制出了各种人造卫星。这些人造卫星和天然卫星一样，也绕着行星（大部分是地球）运转。

人造卫星主要用于科学研究，而且在近代通讯、天气预报、地球资源探测和军事侦察等方面也已成为一种不可或缺的工具。据美国一个名为“关注科学家联盟”的组织公布的全世界卫星数据库显示，现在正在环绕地球飞行的共有795颗各类卫星，其中半数以上来自于世界上唯一的超级大国美国，它所拥有的卫星数量已经超过了其他所有国家拥有数量的总和，军用卫星的数量更是达到了四分之一以上。

知识小百科

人造地球卫星按用途通常分为科学卫星、技术试验卫星和应用卫星。科学卫星是用于科学探测和研究的卫星。技术试验卫星是进行新技

术试验或为应用卫星进行先期试验的卫星。应用卫星是直接为国民经济和军事目的服务的卫星。自我国1970年4月24日发射第一颗人造地球卫星“东方红”一号以来，我国先后研制并成功发射了东方红系列通信卫星、风云系列气象卫星、实践系列科学实验卫星、资源系列地球资源卫星以及返回式遥感卫星。

我国是世界上第三个掌握低温高能氢氧发动机技术和独立发射地球同步静止轨道卫星的国家；是世界上第三个掌握卫星回收技术的国家；是世界上第三个独立研制和成功发射太阳同步轨道气象卫星的国家。这些不仅奠定了中国航天大国的地位，而且在经济建设、国防建设和科学技术领域都取得了巨大的经济效益。

◆ 全球定位系统

全球定位系统（Global Positioning System，通常简称GPS）是美国国防部研制的一种全天候的、空间基准的导航系统，是一个中距离圆型轨道卫星导航系统，可以为地球表面绝大部分地区（98%）提供准确的定位、测速和高精度的时间标准。该系统的组成包括太空中的24颗GPS卫星，地面上的1个主控站、3个数据注入站和5个监测站及作为用户端的GPS接收机。最少只需24颗卫星中的4颗就能迅速确定用户端在地球上所处的位置及海拔高度；所能接收联接到的卫星数越多，解码出来的位置就越精确。

该系统是由美国陆海空三军联合于20世纪70年代开始进行研制并于1994年3月全面建设完成的新一代空间卫星导航定位系统。20余年的研究实验共耗资300亿美元，包含了全球覆盖率高达98%的24颗GPS卫星星座。其主要目的是为陆、海、空三大领域提供实时、全天候和全球性的导航服务，并用于情报收集、核爆监测和应急通讯等一些军事目的，是美国独霸全球战

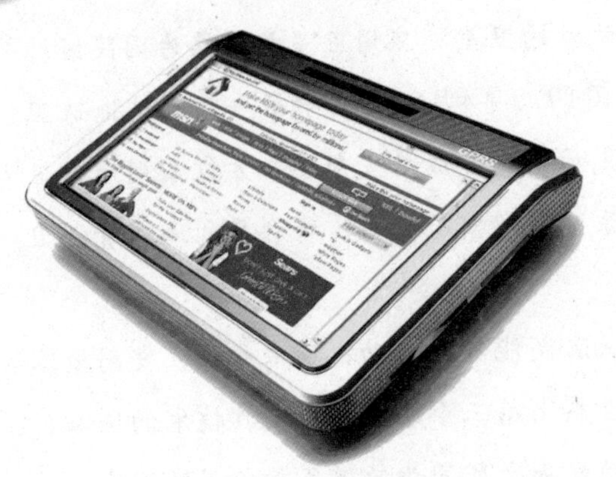

全球定位系统

略的重要组成部分。

GPS全球卫星定位系统由三部分组成：空间部分——GPS星座；地面控制部分——地面监控系统；用户设备部分——GPS 信号接收机。使用者只需拥有GPS接收机，无需另外付费。GPS信号分为民用的标准定位服务和军规的精密定位服务两类。民用讯号中加有误差，其最终定位精确度大概在100米左右；军规的精度在十米以下。2000年以后，克林顿政府决定取消对民用信号所加的误差。因此，现在民用GPS也可以达到十米左右的定位精度。

GPS系统拥有如下多种优点：全天候，不受任何天气的影响；全球覆盖（高达98%）；三维定速定时高精度；快速、省时、高效率；应用广泛、多功能；可移动定位；不同于双星定位系统，使用过程中接收机不需要发出任何信号增加了隐蔽性，提高了其军事应用效能。

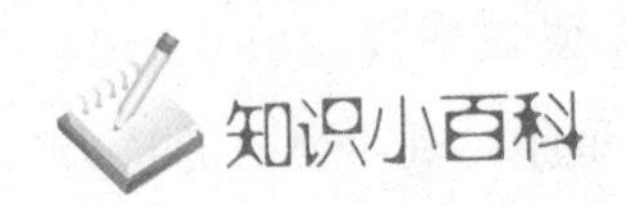

“北斗一号”

2003年5月25日零时34分，我国在西昌卫星发射中心用“长征三号

甲”运载火箭，成功地将第三颗“北斗一号”导航定位卫星送入了太空。前两颗“北斗一号”卫星分别于2000年10月31日和12月21日发射升空，运行至今导航定位系统工作稳定，状态良好。第三颗“北斗一号”是导航定位系统的备份星，它与前两颗“北斗一号”工作星组成了完整的卫星导航定位系统，以确保全天候、全天时提供卫星导航信息。这标志着我国成为继美国全球卫星定位系统（GPS）和前苏联的全球导航卫星系统（GLONASS）后，世界上第三个建立了完善的卫星导航系统的国家，该系统的建立对我国国民国防和经济建设将起到积极的作用。

我国早在20世纪60年代末就开展了卫星导航系统的研制工作，但因种种原因而夭折。我国在自行研制“子午仪”定位设备方面起步较晚，以致于后来使用的大量设备，基本上都依赖进口。20世纪70年代后期以来，国内开展了探讨适合国情的卫星导航定位系统的体制研究，先后提出过单星、双星、三星和3-5星的区域性系统方案，以及多星的全球系统的设想，并考虑到导航定位与通信等综合运用问题。但又是出于种种原因的阻碍，这些方案和设想最终都没能够得到实现。

1982年7月由美国三位科学家提出并于12月定名的GEOSTAR系统，是一种两颗卫星的主动式卫星定位系统。他们在实施的过程中，由于有更优越的GPS卫星导航系统的兴起并且发展相当迅速，使GEOSTAR系统不得不在1991年9月撤走资金，导致正在实施中的GEOSTA及系统宣告失败。而我国的“北斗一号”卫星导航系统正是80年代提出的“双星快速定位系统”的一项发展计划。北斗导航系统的方案于1983年提出，突出特点是构成系统的空间卫星数目少、用户终端设备简单、一切复杂性均集中于地面中心处理站。“北斗一号”卫星定位系统是利用地球同步卫星为用户提供快速定位、简短数字报文通信和授时服务的一种全天候、区域性的卫星定位系统。该系统的主要功能是：

（1）定时：快速确定用户所在地的地理位置，向用户及主管部门提供导航信息；

（2）通讯：用户与用户、用户与中心控制系统间均可实现双向简短数字报文通信；

（3）授时：中心控制系统定时播发授时信息，为定时用户提供时延修正值。

“北斗一号”卫星定位系统由两颗地球静止卫星（800E和1400E）、一颗在轨备份卫星（110.50E）、中心控制系统、标校系统和各类用户机等部分组成。系统的工作过程是：首先由中心控制系统向卫星Ⅰ和卫星Ⅱ同时发送询问信号，经卫星转发器向服务区内的用户广播。用户响应其中一颗卫星的询问信号，并同时向两颗卫星发送响应信号，经卫星转发回中心控制系统。中心控制系统接收并解调用户发来的信号，然后根据用户的申请服务内容进行相应的数据处理。

中国北斗卫星定位系统模型

对于定位申请，中心控制系统会测出两个时间延迟：即从中心控制系统发出询问信号，经某一颗卫星转发到达用户，用户发出定位响应信号，经同一颗卫星转发回中心控制系统的延迟；和从中心控制发出询问信号，经上述同一卫星到达用户，用户发出响应信号，经另一颗卫星转发回中心控制系统的延迟。由于中心控制系统和两颗卫星的位置均是已

知的，因此由上面两个延迟量可以算出用户到第一颗卫星的距离，以及用户到两颗卫星距离之和，从而知道用户处于一个以第一颗卫星为球心的一个球面，和以两颗卫星为焦点的椭球面之间的交线上。另外，中心控制系统从存储在计算机内的数字化地形图查寻到用户高程值，又可知道用户出于某一与地球基准椭球面平行的椭球面上。从而中心控制系统可最终计算出用户所在点的三维坐标，这个坐标经加密由出站信号发送给用户。

“北斗一号”的覆盖范围是北纬5°~55°，东经70°~140°之间的心脏地区，上大下小，最宽处在北纬35°左右。其定位精度为水平精度100米（1σ），设立标校站之后为20米（类似差分状态）。工作频率：2491.75兆赫兹。系统能容纳的用户数为每小时540000户。

计算机技术

◆ 发展历程

美国宾夕法尼亚大学于1943年开始研制第一台电子计算机，设计师是美国计算机界的先驱Mauchly和Eckter。在他们的共同努力下，世界上第一台电子计算机EN1AC于1946年2月投入运行。这台计算机用了13000个电子管，重30多吨，耗电150千瓦，占地面积达9.1×12.2平方米，每秒钟仅能完成5000次加减运算，做一次乘法需要3毫秒。它的性能虽然还不如目前一台微型计算机的性能高，然而在当时却是划时代的创举，是计算机的始祖。从此，计算机进入了一个飞速发展的崭新时代。自

第一台电子计算机

EN1AC诞生之日起，短短50年间计算机的发展就经历了四代，从最初房间大小的计算机发展到今天的台式、笔记本计算机，计算机的发展可谓迅猛。推动计算机发展的因素有很多，其中电子器件的发展可以说起到了决定性的作用。

从1946年到1954年的计算机是第一代计算机，它的特征是采用电子管作为元件。第一代计算机的占地面积很惊人，EN1AC机占地面积111平方米，差不多要占据整个房间。

从1955年到1964年的计算机是第二代计算机，它的特征是用晶体管代替了电子管，缩小了计算机的体积，从而对计算机的普及和应用产生了深刻的影响。

从1965年到1974年的计算机是第三代计算机，它的特征是用集成电路代替了分立晶体管，从而使电子器件的集成度提高了。一般用的集成电路是小规模集成电路和中规模集成电路，在每平方毫米的面积上可以分布几十个晶体管。在这一阶段，除了推出了大型计算机系列外，小型计算机也大量出现。小型机成本低，性能好，适用范围广，在计算机推广普及方面起了巨大的作用。

从1975年至今的计算机就是第四代计算机了，它的特征是以大规模集成电路为计算机的主要功能部件。它的密度可达每平方毫米上分布几百个到几千个电子元件，真是难以想象。20世纪70年代末，在美国首先兴起了数据宽度为32位的

超级小型机，只六七年的时间，就有十几家公司竞相研制，并有近20个机种投入市场。目前这种机型已成为国际计算机市场上最活跃、最有生命力的一种机型。超级小型机之所以受到普遍的欢迎，是因为它既保持了小型机的特点，又兼有大型通用机的优点，从而在速度、容量、功能等各方面都可与大型机进行较量。

第四代计算机的另一个重要分支是以大规模集成电路为基础而发展起来的微处理机和微型计算机。微型机体积小、功耗低、成本低，明显优于其他类型计算机，因而得到了广泛应用和迅速普及。在20世纪80年代和90年代期间，计算机工业保持高速度的发展。第四代计算机的系统性能不断提高，各种类型的计算机都向着各自的高档机发展，每隔两三年就研制出一个改进型，成本不断降低，价格不断下降，而功能却越来越强大。

◆ 硬件设备

计算机的硬件设备指的是计算机系统中所使用的电子线路和物理设备，是一些看得见、摸得着的实体，如中央处理器（CPU）、存储器、外部设备（输入输出设备、I/O设备）及总线等。

存储器：存储器的主要功能是存放程序和数据，程序是计算机操作的依据，而数据是计算机操作的

计算机硬件

对象。存储器是由存储体、地址译码器、读写控制电路、地址总线和数据总线组成的。人们将能由中央处理器直接随机存取指令和数据的存储器称为主存储器，磁盘、磁带、光盘等大容量存储器称为外存储器（或辅助存储器）。主存储器、外部存储器和相应的软件一起构成了计算机的存储系统。

中央处理器：中央处理器的主要功能是根据存储器内的程序，逐条执行程序所指定的操作。中央处理器的主要组成部分是：数据寄存器、指令寄存器、指令译码器、算术逻辑部件、操作控制器、程序计数器（指令地址计数器）、地址寄存器等。

外部设备：外部设备是用户与机器之间的桥梁。输入设备的任务是把用户要求计算机处理的数据、字符、文字、图形和程序等各种形式的信息转换为计算机所能接收的编码形式存入到计算机内。输出设备的任务是把计算机的处理结果以用户需要的形式（如屏幕显示、文字打印、图形图表、语言音响等）输出。输入输出接口是外部设备与中央处理器之间的缓冲装置，负责电气性能的匹配和信息格式的转换。

◆ 软件系统

计算机的软件系统指的是能使计算机硬件系统顺利和有效工作的程序集合的总称。程序总要通过某种物理介质来存储和表示，如磁盘、磁带、程序纸、穿孔卡等，但软件指的并不是这些物理介质，而是那些看不见、摸不着的程序本身。可靠的计算机硬件好比一个人的强壮体魄，而有效的软件则好比一个人的聪颖思维。计算机的软件系统可分为系统软件和应用软件两部分。系统软件是负责对整个计算机系统资源的管理、调度、监视和服务；应用软件是指各个不同领域的用户为各自的需要而开发的各种应用程序。

计算机软件系统包括：

操作系统：系统软件的核心，

它负责对计算机系统内各种软、硬资源的管理、控制和监视。

数据库管理系统：负责对计算机系统内全部文件、资料和数据的管理和共享。

Liunx操作系统

编译系统：负责把用户用高级语言所编写的源程序编译成机器所能理解和执行的机器语言。

网络系统：负责对计算机系统的网络资源进行组织和管理，使得在多台独立的计算机间能进行相互的资源共享和通信。

标准程序库：按标准格式所编写的一些程序的集合，这些标准程序包括求解初等函数、线性方程组、常微分方程、数值积分等计算程序。

服务性程序：也称实用程序，是指为增强计算机系统的服务功能而提供的各种程序，具有对用户程序进行装置、连接、编辑、查错、纠错、诊断等功能。为了使计算机能算得快和准，记得多和牢，数十年来，科学家对提高单机中的中央处理器的处理速度和精度以及提高存储器的存取速度和容量方面都进行了许多改进，如：增加运算器的基本字长和提高运算器的精度；增加新的数据类型，或对数据进行自定义，使数据带有标志符，用以区别指令和数，及说明数据类型；在CPU内增设通用寄存器、采用变址寄存器、增加间接寻址功能和增设高速缓冲存储器和采用堆栈技术；

采用存储器交叉存取技术及虚拟存储器技术；采用指令流水线和运算流水线；采用多个功能部件和增设协处理器等。

计算机完全该改变了我们的世界，让我们进入了一个全新的高科技时代，人们通过计算机和网络就可以了解世界各地的信息、购物、办公等，完全不用出门就可以处理一切事物。有了计算机，生活节奏变得更快，效率也更高了。

能源与核能技术

能源问题是关系到一个国家的经济命脉、民生大计，关乎世界和平、稳定与发展的一个重要问题。任何一种能源都是一个国家的财富，没有能源，一个国家就难以生存和发展。而今，人们已经意识到能源问题已成为了一个世界性的重大问题，世界各国纷纷出资出力研发新能源，并做好现有能源的合理开发和利用。

◆风　能

自然界的风是一种可再生、无污染而且储量巨大的能源。随着全球气候变暖和能源危机，各国都在

风　能

加紧对风力的开发和利用，尽量减少二氧化碳等温室气体的排放，保护我们赖以生存的地球。

风是一种自然现象，它是由太阳辐射热引起的。太阳照射到地球表面，地球表面各处受热不同，产生温差，从而引起大气的对流运动形成风。据估计到达地球的太阳能中虽然只有大约2%转化为风能，但其总量仍是十分可观的。中国是世界上最早利用风能的国家之一，公元前数世纪中国人民就已利用风力进行提水、灌溉、磨面、舂米，以及用风帆推动船舶前进等活动了。到了宋代中国应用风车更是达到了全盛时代，当时流行的垂直轴风车，一直还沿用至今。在国外，公元前2世纪时，古波斯人就会利用垂直轴风车碾米了。10世纪时伊斯兰人用风车提水，11世纪风车在中东也已获得广泛的应用。13世纪风车传至欧洲，14世纪已成为欧洲不可缺少的原动机。在荷兰，风车最先是用于莱茵河三角洲湖地和低湿地的汲水，以后又用于榨油和锯木。

风能的利用主要有以风能作动力和风力发电两种形式，其中又以风力发电为主。利用风力发电，以丹麦应用最早，而且使用较普遍。丹麦虽只有500多万人口，却是世界风能发电大国和发电风轮生产大国，世界10大风轮生产厂家有5家在丹麦，世界60%以上的风轮制造厂都在使用丹麦的技术，是名副其实的“风车大国”。

截止到2006年底，世界风力

丹麦风车

发电总量居前3位的国家分别是德国、西班牙和美国，这三国的风力发电总量占到了全球风力发电总量的60%。据估算，全世界的风能总量约1300亿千瓦，中国的风能总量约16亿千瓦。对于我国很多地区，特别是沿海岛屿、交通不便的边远山区、地广人稀的草原牧场，以及远离电网的农村、边疆等地来说，对风能的应用都是解决生产和生活能源的一种可靠途径。

风能资源受地形的影响较大，世界风能资源多集中在沿海和开阔大陆的收缩地带，如美国的加利福尼亚州沿岸和北欧一些国家，中国的东南沿海、内蒙古、新疆和甘肃一带风能资源也很丰富。中国东南沿海及附近岛屿的风能密度可达300瓦/米^{2}以上，3~20米/秒风速年累计超过6000小时；内陆风能资源最好的区域，沿内蒙古至新疆一带，风能密度也在200~300瓦/米^2，3~20米/秒风速年累计5000~6000小时。这些地区适于发展风力发电和风力提水。新疆达坂城风力发电站1992年已装机5500千瓦，是中国最大的风力电站。

◆ 水　能

水能是指开发利用水体蕴藏的能量的生产技术。天然河道或海洋内的水体，具有位能、压能和动能三种机械能。水能利用主要是指对水体中位能部分的利用。

水能开发利用的历史也相当悠久。早在2000多年前，在埃及、中国和印度已出现水车、水磨和水碓等利用水能于农业生产的机械。18世纪30年代开始有新型水力站出现。而随着工业发展，18世纪末这种水力站发展成为大型工业的动力，主要用于面粉厂、棉纺厂和矿石开采。但从水力站发展到水电站，则是在19世纪末远距离输电技术发明后才蓬勃兴起的。

水能利用的另一种方式是通过水轮泵或水锤泵扬水。其原理是将较大流量和较低水头形成的能量直接转换成与之相当的较小流量和较高水头的能量。虽然在转换过程中

水　车

会损失一部分能量，但在交通不便和缺少电力的偏远山区进行农田灌溉、村镇给水等，仍不失为其应用价值较好体现的一种途径。20世纪60年代起水轮泵在中国得到快速发展，也被另外一些发展中国家所采用。

水能利用是水资源综合利用的一个重要组成部分。近代大规模的水能利用，往往涉及整条河流的综合开发，或涉及全流域甚至几个国家的能源结构及规划等。它与一个国家的工农业生产和人民生活水平的提高息息相关。因此，需要在对地区的自然和社会经济综合研究的基础上，进行微观和宏观决策。前者包括电站的基本参数选择和运行、调度设计等；后者包括河流综合利用和梯级方案选择、地区水能规划、电力系统能源结构和电源选择规划等。实施水能利用需要应用到水文、测量、地质勘探，水能计算、水力机械和电气工程、水工建筑物和水利工程施工以及运行管理和环境保护等范围广泛的各种专业技术，是一件非常复杂的事情。

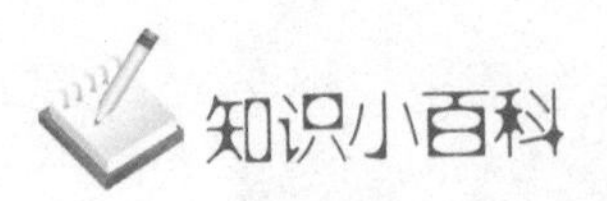

中国水能利用现状

中国水资源虽然丰富，但由于受季风影响，降水和径流在一年内分配不均，夏秋季4~5个月的径流量占全年的60%~70%，冬季径流量很少，因而水电站的季节性电能较多。为了有效利用水能资源和较好地满足用电要求，最好建水库调节径流。

中国水能资源西多东少，大部集中于西部和中部。在全国可开发水能资源中，东部的华东、东北、华北三大区共仅占6.8%，中南5地区占15.5%，西北地区占9.9%，西南地区占67.8%，其中，除西藏外，川、云、贵三省的水资源占到了全国总水量的50.7%。此外，大型电站比重大，且分布集中。各省（区）单站装机10兆瓦以上的大型水电站有203座，其装机容量和年发电量占总数的80%左右；而且，70%以上的大型电站集中分布在西南四省。但是，资源的开发和研究程度较低。目前已开发资源约为15%左右。

中国大部分河流，特别是中下游，往往有防洪、灌溉、航运、供水、水产、旅游等综合利用要求。在水能开发时需要进行整体规划，使整个国民经济得到最大的综合经济效益和社会效益。

◆ 太阳能

广义上的太阳能是地球上许多能量的来源，如风能、化学能、水的势能等等。人类利用太阳能的

历史已有3000多年，而将太阳能作为一种能源和动力加以利用，却只是近300多年前的事情。真正将太阳能作为“近期急需的补充能源”“未来能源结构的基础”，则是近年来的事。20世纪70年代以来，太阳能科技突飞猛进，太阳能利用状况日新月异。

加州的塔式太阳能热发电站

自地球形成之日起，生物就主要依靠太阳提供的热和光生存，而自古人类也懂得以阳光晒干物件，并作为保存食物的方法，如制盐和晒咸鱼等。但在化石燃料减少的情况下，才开始有意识地把太阳能利用进一步发展。太阳能的利用有被动式利用（光热转换）和光电转换两种方式。

近代太阳能利用历史可以从1615年法国工程师所罗门·德·考克斯在世界上发明的第一台太阳能驱动的发动机算起。该发明是一台利用太阳能加热空气使其膨胀做功而抽水的机器。1615年至1900年间，世界上又研制成多台太阳能动力装置和一些其他太阳能装置。这些动力装置几乎全部采用聚光方式采集阳光，发动机功率不大，工质主要是水蒸汽，价格昂贵，实用价值不大，大部分为太阳能爱好者个人研究制造。而就目前来说，人类直接利用太阳能还处于初级阶段，主要有太阳能集热、太阳能热水系统、太阳能暖房、太阳能发电等方式。其中，太阳能发电是一种新兴的可再生能源。

◆ 核　能

核能（或称原子能）是通过转化其质量从原子核释放的能量。通过三种核反应中的一种可以释放核能：（1）核裂变，打开原子核的结合力。（2）核聚变，原子的粒子熔合在一起。（3）核衰变，自然的、慢得多的裂变形式。

核能是人类历史上的一项伟大发明。在1945年之前，人类在能源利用领域只涉及到物理变化和化学变化。二战时，原子弹诞生以后，人类开始将核能运用于军事、能源、工业、航天等领域。美国、俄罗斯、英国、法国、中国、日本、以色列等国相继展开对核能应用前景的研究。

原子弹爆炸

核能发电的历史与动力堆的发展历史密切相关。动力堆的发展最初是出于军事需要。1954年，苏联建成世界上第一座装机容量为5兆瓦（电）的核电站，后来英、美等国也相继建成了各种类型的核电站。到1960年，已有5个国家建成20座核电站，装机容量达1279兆瓦（电）。由于核浓缩技术的发展，到1966年，核能发电的成本已低于火力发电的成本。核能发电真正迈入实用阶段。1978年全世界22个国家和地区正在运行的30兆瓦（电）以上的核电站反应堆已达200多座，总装机容量已达107776兆瓦（电）。20世纪80年代因化石能源短缺日益突出，核能发电的进展更快。到1991年，全世界近30个国家

和地区建成的核电机组为423套，总容量为3.275亿千瓦，其发电量占全世界总发电量的约16%。

中国大陆的核电起步较晚，20世纪80年代才动工兴建核电站。中国自行设计建造的30万千瓦（电）秦山核电站在1991年底投入运行，大亚湾核电站也于1987年开工，并于1994年全部并网发电。

◆ 地热能

地热能是从地壳中抽取的天然热能，这种能量来自地球内部的熔岩，以热力形式存在，是引致火山爆发及地震的主要能量。地球内部的温度高达7000℃，而在80~100千米的深度处，温度会降至650℃至1200℃。热力透过地下水的流动和熔岩涌至离地面1~5千米的地壳，并被转送至较接近地面的地方。高温的熔岩将附近的地下水加热，这些加热了的水最终会渗出地面。运用地热能最简单和最合乎成本效益的方法，就是直接取用这些热源，并抽取其能量。

人类很早以前就开始利用地热能，例如利用温泉沐浴、医疗，利用地下热水取暖、建造农作物温室、水产养殖及烘干谷物等。但真正认识地热资源并进行较大规模的开发利用却是始于20世纪中叶。地热能的利用可分为

火山爆发

地热发电和直接利用两大类。如果热量提取的速度不超过补充的速度，那么地热能便是可再生的。地热能在世界很多地区应用相当广泛。据估计，不过，地热能的分布相对来说比较分散，开发难度大。

◆ 潮汐能

潮汐能是指海水潮涨和潮落形成的水的势能，其利用原理和水力发电相似。潮汐能的能量与潮量和潮差成正比。或者说，与潮差的平方和水库的面积成正比。和水力发电相比，潮汐能的能量密度很低，相当于微水头发电的水平。潮汐作为一种自然现象，为人类的航海、捕捞和晒盐提供了方便，更值得指出的是，它还可以转变成电能，给人带来光明和动力。

世界上潮差的较大值约为13~15米，但一般说来，平均潮差在3米以上就有实际应用价值。潮汐能是因地而异的，不同的地区常常有不同的潮汐系统，他们都是从深海潮波获取能量，但具有各自独特的特征。尽管潮汐很复杂，但任何地方的潮汐人类都可以进行准确预报。

潮 汐

潮汐能的利用方式主要是发电。潮汐发电是利用海湾、河口等有利地形，建筑水堤，形成水库，以便于大量蓄积海水，并在坝中或坝旁建造水利发电厂房，通过水轮发电机组进行发电。只有出现

大潮、能量集中且在地理条件适于建造潮汐电站的地方，才有可能从潮汐中提取能量。

材料技术

材料技术是按照人的意志，通过物理研究、材料设计、材料加工、试验评价等一系列研究过程，创造出能满足各种需要的新型材料的技术。新型材料按组成成分来分，可以分为金属材料、无机非多属材料（如陶瓷、砷化镓半导体等）、有机高分子材料、先进复合材料四大类；按材料性能分，可以分为结构材料和功能材料。结构材料主要利用材料的力学和理化性能来满足高强度、高刚度、高硬度、耐高温、耐磨、耐蚀、抗辐照等性能要求；功能材料主要是利用材料具有的电、磁、声、光热等效应以实现某种功能，如半导体材料、磁性材料、光敏材料、热敏材料、隐身材料和制造原子弹、氢弹的核材料等。

◆ 特种钢

合金钢也叫特种钢，即在碳素钢里适量地加入一种或几种合金元素，使钢的组织结构发生变化，从而使钢具有各种不同的特殊性能，如强度、硬度大，可塑性、韧性好，耐磨，耐腐蚀，以及其他许多优良性能。下面是一些特种钢的性能和用途：

钨钢、锰钢：硬度很大。如制造金属加工工具、拖拉机履带和车轴等；

锰硅钢：韧性特别强。如制造弹簧片、弹簧圈等；

钼钢：抗高温。如制造飞机的曲轴、特别硬的工具等；

钨铬钢：硬度大，韧性很强。如做机床刀具和模具等；

镍铬钢（不锈钢）：抗腐蚀性能强，不易氧化。如制造化工生产上的耐酸塔、医疗器械和日常用品等。

◆ 纳米技术

纳米技术即纳米科学与技术，有时简称为纳米技术，是研究结构尺寸在0.1至100纳米范围内材料的性质和应用。纳米是英文nano的译名，是一种长度单位，原称毫微米，就是10^{-9}米（10亿分之一米）相当于4至5个原子串起来那么长。纳米结构通常是指尺寸在100纳米以下的微小结构。

纳米技术的灵感，来自于已故物理学家理查德费曼1959年所作的一次题为《在底部还有很大空间》的演讲。这位当时在加州理工大学任教的教授向同事们提出了一个新奇的想法：从石器时代开始，人类从磨尖箭头到光刻芯片的所有技术，都与一次性地削去或者融合数以亿计的原子以便把物质做成有用的形态有关。那为什么我们不可以从另外一个角度出发，从单个的分子甚至原子开始进行组装，以达到我们的要求？他说："至少依我看来，物理学的规律不排除一个原子一个原子地制造物品的可能性。"

1990年，IBM公司阿尔马登研究中心的科学家成功地对单个的原子进行了重排，纳米技术取得了关键突破。他们使用一种称为扫描探针的设备慢慢地把35个原子移动到各自的位置，组成了IBM三个字母。这个实验证明了范曼的想法的正确性，这三个字母加起来还没有3个纳米长。不久以后，科学家不仅能够操纵单个的原子，而且还能够"喷涂原子"。使用分子束外延长生长技术，科学家们学会了制造极薄的特殊晶体薄膜的方法，每次只造出一层分子。目前，制造计算机硬盘读写头使用的就是这项技术。

纳米技术是一门交叉性很强的综合学科，研究的内容涉及现代科技的广阔领域。纳米科学与技术主要包括：纳米体系物理学、纳米化学、纳米材料学、纳米生物学、纳米电子学、纳米加工学、纳米力学等。纳米材料的制备和研究是整个纳米科技的基础。其中，纳米物理学和纳米化学是纳米技术的理论基础，而纳米电子学是纳米技术最重要的内容。

◆ 特种塑料

特种塑料一般是指具有特种功能，可用于航空、航天等特殊应用领域的塑料。如氟塑料和有机硅具有突出的耐高温、自润滑等特殊功用，增强塑料和泡沫塑料具有高强度、高缓冲性等特殊性能，这些塑料都属于特种塑料的范畴。

增强塑料：增强塑料的原料在外形上可分为粒状（如钙塑增强塑料）、纤维状（如玻璃纤维或玻璃布增强塑料）、片状（如云母增强塑料）三种；按材质可分为布基增强塑料（如碎布增强或石棉增强塑料）、无机矿物填充塑料（如石英或云母填充塑料）、纤维增强塑料（如碳纤维增强塑料）三种。

泡沫塑料：泡沫塑料可以分为硬质、半硬质和软质泡沫塑料三种。硬质泡沫塑料没有柔韧性，压缩硬度很大，只有达到一定应力值才产生变形，应力解除后不能恢复原状；软质泡沫塑料富有柔

特种塑料棒板材

韧性，压缩硬度很小，很容易变形，应力解除后能恢复原状，残余变形较小；半硬质泡沫塑料的柔韧性和其他性能介于硬质和软质泡沫塑料之间。

◆ 特种陶瓷

特种陶瓷又称精细陶瓷，按其应用功能分类，大体可分为高强度、耐高温和复合结构陶瓷及电工电子功能陶瓷两大类。在陶瓷坯料中加入特别配方的无机材料，经过1360℃左右高温烧结成型，可获得稳定可靠的防静电性能，成为一种新型特种陶瓷，通常具有一种或多种功能，如：电、磁、光、热、声、化学、生物等功能；以及耦合功能，如压电、热电、电光、声光、磁光等功能。

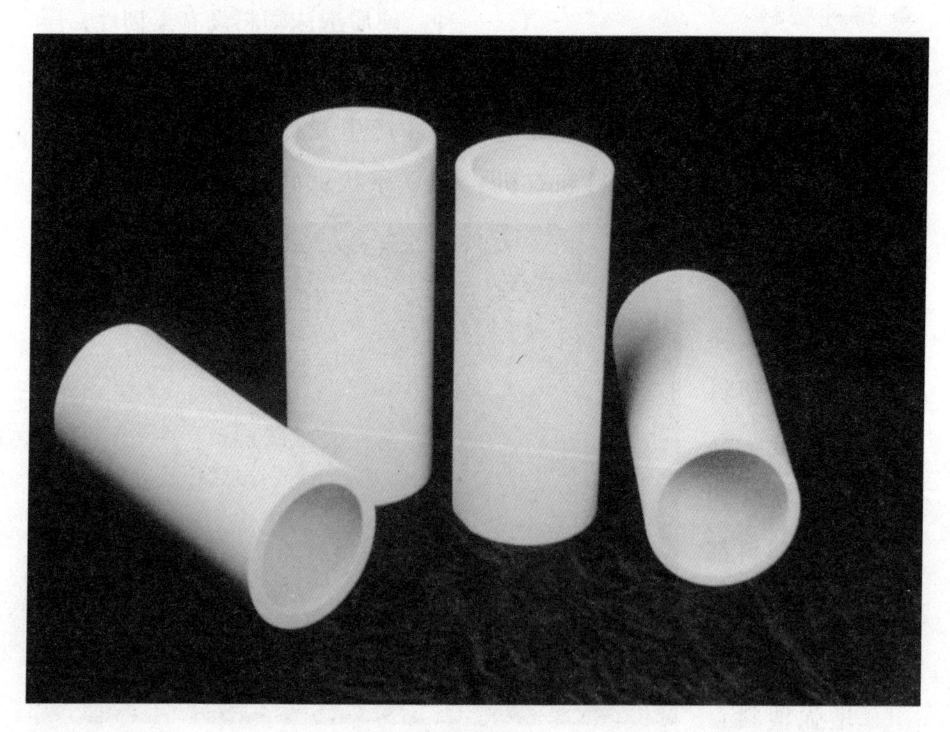

特种陶瓷

海洋技术

随着人类对自然资源的采伐消耗，对海洋资源的开发与利用，对海洋与全球变化、海洋环境与生态的研究已经成为了目前人类维持自身的生存与发展、拓展生存空间、充分利用地球上这块最后剩下的资源丰富的宝地的最为切实可行的途径。

开发海洋需要获取大范围、精确的海洋环境数据，需要进行海底勘探、取样、水下施工等。而要完成上述任务，则需要一系列的海洋开发支撑技术，包括深海探测、深潜、海洋遥感、海洋导航等。由于地球上的淡水资源越来越少，向海洋要淡水已成定势。如淡水资源奇缺的中东地区早在数十年前就已经开始把海水淡化作为一条获取淡水资源的有效途径。美国也在积极建造海水淡化厂，以满足人们目前与将来对淡水的需求。全世界共有近8000座海水淡化厂，每天生产的淡水超过60亿立方米。世界各大洋底部也拥有极为丰富的淡水资源，其蕴藏量约占海水总量的20%。这为人类解决淡水危机提供了光明的前景。

海 洋

◆ 深海探测器

1554年意大利人塔尔奇利亚发明制造了木质球形潜水器，对后来潜水器的研制产生了巨大的影响。第一个有实用价值的潜水器是英国人哈雷于1717年设计的。过去，人们利用潜水器大多是为探寻沉船宝物，这些潜水器都是没有动力的，它们须由管子和绳索与水面上的母船保持联系。20世纪50年代以后，出现了各种以科学考察为目的的自航深潜器。1948年瑞士的皮卡德制造出“弗恩斯三号”深潜器并下潜到1370米。虽然载人舱严重进水，但开创了人类深潜的新纪元。1951年，皮卡德和他儿子造出了著名的“的里雅斯特”号深潜器。深潜器长15.1米，宽3.5米，可载三人。1953年9月在地中海成功下潜到3150米。1955年“的里雅斯特”号卖给美国，同时皮卡德和他儿子还为美国建造新型的深潜器。新的“的里雅斯特”号于1958年建成，首次试潜就达到5600米，第二年达到7315米。1960年，美国利用新研制的深潜器首次潜入世界大洋最深处——马里亚纳海沟，下潜深度10916米。

深海探测器

1953年，第一艘无人遥控潜水器问世，1980年法国“逆戟鲸”号无人深潜器下潜6000米。日本“海沟”号无人潜水探测器（最大潜水深度1.1万米），1997年3月24日在太平洋关岛附近海区，从4439吨级的“横须”号母船上放入水中，成功潜到10911万米深的马里亚纳海沟底部，这是无人探测器的潜水世

界最高记录。潜水器可以完成多种科学研究及救生、修理、寻找、探查、摄影等工作，如“阿尔文”号曾找到过落入地中海的氢弹和“泰坦尼克”号沉船。

◆ 海洋生物开发技术

现在的海洋生物开发技术可以细分为很多种，如：海水养殖优良品种选育和苗种繁育技术、海水规模化健康养殖关键技术、海洋生物资源的安全保障技术、海洋渔业资源可持续开发及增殖技术、远洋渔业资源开发装备和重大技术研究、海洋生物资源的精深利用与水产品安全质量保证技术等。

生物技术

生物技术是以生命科学为基础，利用生物（或生物组织、细胞及其他组成部分）的特性和功能，设计、构建具有预期性能的新物质或新品系，以及与工程原理相结合，加工生产产品或提供服务的综合性技术。

◆ 克隆技术

克隆是英文 clone的音译，简单讲就是一种人工诱导的无性繁殖方式。但克隆与无性繁殖还是有区别的，无性繁殖是指不经过雌雄两性生殖细胞的结合、只由一个生物体产生后代的生殖方式，常见的有孢子生殖、出芽生殖和分裂生殖。另外，由植物的根、茎、叶等经过压条、扦插或嫁接等方式产生新个体也叫无性繁殖，而绵羊、猴子和牛等动物没有人工操作是不能进行无性繁殖的。科学家把人工遗传操作动、植物的繁殖过程叫克隆，这门生物技术就叫做克隆技术。

克隆技术的设想是由德国胚胎学家于1938年首次提出的。1952年，科学家首先用青蛙开展克隆实验，之后不断有人利用各种动物进行克隆技术研究。由于该项技术几乎没有取得进展，研究工作在20世纪80年代初期一度进入低谷。后来，有人用哺乳动物胚胎细胞进行克隆取得了成功。1996年7月5日，英国科学家伊恩·维尔穆特博士用成年羊体细胞克隆出一只活产羊，给克隆技术研究带来了重大突破，它突破了以往只能用胚胎细胞进行动物克隆的技术难关，首次实现了用体细胞进行动物克隆的目标，实现了更高意义上的动物复制。研究克隆技术的目标是找到更好的办法改变家畜的基因构成，培育出成群的能够为消费者提供可能需要的更好的食品或任何化学物质的动物。

世界上第一只克隆羊多莉（左）

克隆的基本过程是先将含有遗传物质的供体细胞的核移植到去除了细胞核的卵细胞中，利用微电流刺激等使两者融合为一体，然后促使这一新细胞分裂繁殖发育成胚胎，当胚胎发育到一定程度后（罗斯林研究所克隆羊采用的时间约为6天）再被植入动物子宫中使动物怀孕，便可产下与提供细胞者基因相同的动物。这一过程中如果对供体细胞进行基因改造，那么无性繁殖的动物后代基因就会发生相同的变化。培育成功三代克隆鼠的“火奴鲁鲁技术”与克隆多莉

羊技术的主要区别在于克隆过程中的遗传物质不经过培养液的培养，而是直接用物理方法注入卵细胞，这一过程中采用了化学刺激法代替电刺激法来重新对卵细胞进行控制。1998年7月5日，日本石川县畜产综合中心与近畿大学畜产学研究室的科学家宣布，他们利用成年动物体细胞克隆的两头牛犊诞生了。这两头克隆牛的诞生表明克隆成年动物的技术是可重复的。

◆ 基因工程

基因工程是人类根据一定的目的和设计，对DNA分子进行体外加工操作，再引入受体生物，以改变后者的某些遗传性状，从而培育生物新类型或治疗遗传疾病的一种现代的、崭新的、分子水平的生物工程技术。发明基因工程的思想渊源，在于可以应用体外的DNA来改变生物的遗传性状。这一概念可以追溯到1944年艾弗里等人发现DNA可以导致肺炎球菌的遗传转化。

自20世纪50年代以来，就不断有各种DNA转化生物的遗传性状并用于育种实践的报道，这些工作，

日本克隆牛

可以认为是基因工程的前驱。真正进行基因工程，还得有目的、有计划（设计）地对DNA进行体外加工，把某些DNA分子“剪”断，再与另外的DNA分子片段重新连接。用来剪断DNA分子的是一种“分子剪刀”，叫做DNA限制性内切酶，简称内切酶。早在1962年，阿伯就发现大肠杆菌对外来侵入的DNA有限制作用。他认为，这是由于菌体内有一种酶，对外来的DNA起切割、分解的作用，从而预言了DNA限制性内切酶的存在。1968年，斯密思分离出第一个内切酶。1971年，纳赞应用斯密思的

DNA模型

接。1977年，基因工程正式宣布成功——吉尔伯特分别将编码胰岛素和干扰素（这是两种有用的药物）的DNA经过体外重新拼接后，导入大肠杆菌中，分别使大肠杆菌合成了胰岛素和干扰素。伯格和吉尔伯特曾荣获1978年的诺贝尔化学奖（其中吉尔伯特的获奖主要是因为DNA测序方法的研究）。同时获奖的还有桑格，他完成了噬菌体DNA的全测序。

自20世纪70年代末以来，基因工程迅速发展。1980年，肯普和霍尔将大豆种子的贮藏蛋白基因引入向日葵中，得到“向日豆”。近年来维尔莫特将人的AAT蛋白基因导入绵羊体内，使羊奶中含有人的

内切酶切割SV-40病毒的DNA，获得了第一个DNA的内切图谱（通称“物理图谱”）。为此，阿伯、斯密思和纳赞共享了1978年的诺贝尔奖。

有了切割DNA的内切酶，加上魏斯和理查德森1966年就已经发现了DNA连接酶，这就可以对DNA进行体外加工了。1972年，伯格等人用这两种酶成功地进行了λ-噬菌体与SV-40病毒DNA的体外拼

我国克隆牛“蒙克1号”与“蒙克2号”

AAT蛋白（一种治疗囊性纤维变性的药物），都是比较有名的例子。维尔莫特所在的英国罗斯林研究所曾向德国一家药厂出售一头这样的转基因羊，获得50万英镑。维尔莫特研究小组继克隆羊多莉之后，又对含有人AAT蛋白基因的转基因羊进行了克隆，无性繁殖出两头分别名为波莉和莫莉的克隆羊。基因工程的研究目前在我国也已经普及，取得了累累硕果。

◆ 现代农业

现代农业的产生和发展，大幅度提高了农业劳动生产率、土地生产率和农产品商品率，也使农业生产和农村面貌发生了重大变化。现代农业一般划分为7种类型，当然由于外延的不确定性，划分标准有所不同。通常划分为以下7种：

（1）绿色农业

“绿色农业”是灵活利用生态环境的物质循环系统，实践农药安全管理技术（IPM）、营养物综合管理技术（INM）、生物学技术和轮耕技术等，从而保护农业环境的一种整体性概念。绿色农业大体上分为有机农业和低投入农业。

（2）休闲农业

休闲农业是一种利用农村的设备与空间、农业生产场地、农业自然环境、农业人文资源等，经过规划设计，以发挥农业与农村休闲旅游功能，提升旅游品质，并提高农民收入，促进农村发展的一种新型农业。游客不仅可以观光、采果、体验农作、了解农民生活、享受乡间情趣，而且可以住宿、度假、游乐，现在城市旅游流行的农家乐就是一种休闲农业。

（3）特色农业

特色农业就是将区域内独特的农业资源（地理、气候、资源、产业基础）开发区域内特有的名优产品，转化为特色商品的现代农业。特色农业的“特色”在于其产品能够得到消费者的青睐和倾慕，在本地市场上具有不可替代的地位，在外地市场上也具有绝对优势，在国际市场上更是具有相对甚至绝对的优势。

（4）工厂化农业

工厂化是设计农业的高级层次，是综合运用现代高科技、新设备和管理方法而发展起来的一种全面机械化、自动化技术（资金）高度密集型生产。这种类型的农业能够在人工创造的环境中进行全过程的连续作业，从而摆脱自然界的制约。

（5）观光农业

观光农业又称旅游农业或绿色旅游业，是一种以农业和农村为载体的新型生态旅游业。农民利用当地有利的自然条件开辟活动场所，提供设施，招揽游客，以增加收入。旅游活动内容除了游览风景外，还有林间狩猎、水面垂钓、采摘果实等农事活动。由于观光农业可以创造巨大的经济效益，因而有的国家甚至以此作为农业综合发展的一项措施。

（6）立体农业

立体农业又称层状农业，是着重于开发利用垂直空间资源的一种农业形式。立体农业的模式是以立

观光农业生态园

体农业定义为出发点，合理利用自然资源、生物资源和人类生产技能，实现由物种、层次、能量循环、物质转化和技术等要素组成的立体模式的优化。

（7）订单农业

订单农业又称合同农业、契约农业，是近年来出现的一种新型农业生产经营模式。所谓订单农业，是指农户根据其本身或其所在的乡村组织同农产品的购买者之间所签订的订单来组织安排农产品生产的一种农业产销模式。订单农业能很好地适应市场需要，避免盲目生产。

◆ 有机农业与有机食品

有机食品标志

有机农业的概念是20世纪20年代首先在法国和瑞士提出的，但最初并不能为大众所接受。从20世纪80年代起，随着一些国际和国家有机标准的制定，一些发达国家才开始重视有机农业，并鼓励农民从常规农业生产向有机农业生产转换，这时有机农业的概念才开始被广泛接受。

尽管有机农业有众多定义，但其内涵是统一的，即有机农业是一种完全不用人工合成的肥料、农药、生长调节剂和家畜饲料添加剂的农业生产体系。有机农业的发展可以帮助解决现代农业带来的一系列问题，如严重的土壤侵蚀和土地质量下降，农药和化肥大量使用给环境造成污染并带来能源的消耗，物种多样性的减少等等；还有助于提高农民收入，发展农村经济。据美国的研究报道有机农业成本比常规农业减少40%，而有机农产品的价格比普通食品要高20%~50%。同时有机农业的发展有助于提高农民的就业率，有机农业是一种劳动

密集型的农业，需要较多的劳动力。另外有机农业的发展可以更多地向社会提供纯天然无污染的有机食品，满足人们的需要。

而有机食品是目前国际上对无污染天然食品比较统一的提法。有机食品通常来自于有机农业生产体系，是根据国际有机农业生产要求和相应的标准生产加工，并通过独立的有机食品认证机构认证的一切农副产品，包括粮食、蔬菜、水果、奶制品、畜禽产品、蜂蜜、水产品等。随着人们环境意识的逐步提高，有机食品所涵盖的范围也逐渐扩大，还包括了纺织品、皮革、化妆品、家具等。